小学生C++创意编程

方其桂 主编

冯士海 王丽娟 副主编

人民邮电出版社

北 京

图书在版编目（CIP）数据

小学生C++创意编程 / 方其桂主编. -- 北京：人民
邮电出版社，2020.6
ISBN 978-7-115-53120-9

Ⅰ. ①小… Ⅱ. ①方… Ⅲ. ①C++语言—程序设计—
少儿读物 Ⅳ. ①TP312.8-49

中国版本图书馆CIP数据核字（2019）第291667号

内 容 提 要

　　本书结合小学生的认知规律，以激发学生学习编程的兴趣、培养学生编程思维为目的，将编程与学科结合，通过寓教于乐且贴近小学生学习和生活的编程案例，帮助学生掌握C++的常量、变量、顺序结构、选择结构、循环结构、数组、函数、算法等基础知识，教会学生用编程的思维来学习与探索跨学科的内容，并从中体会C++编程的乐趣和魅力。

　　本书适合小学四年级及以上学生阅读使用，可作为青少年编程竞赛教材，也可作为信息技术教师学习C++语言的入门教材。

◆ 主　　编　方其桂
　　副 主 编　冯士海　王丽娟
　　责任编辑　牟桂玲
　　责任印制　王　郁　马振武

◆ 人民邮电出版社出版发行　　北京市丰台区成寿寺路11号
　　邮编　100164　电子邮件　315@ptpress.com.cn
　　网址　https://www.ptpress.com.cn
　　固安县铭成印刷有限公司印刷

◆ 开本：700×1000　1/16
　　印张：13.25　　　　　　　　2020 年 6 月第 1 版
　　字数：138 千字　　　　　　2025 年 3 月河北第 15 次印刷

定价：59.80 元

读者服务热线：(010)81055410　印装质量热线：(010)81055316
反盗版热线：(010)81055315

前言

我们编写这本书，不是期望将读者培养成软件工程师，而是想让小学生初步了解编程，感受编程。编程并不是一件高深莫测的事情，而是一种乐趣，是一种享受，是为明天种下一颗待萌发的种子。

一、什么是编程

通俗地理解，编程就是我们写一封信给计算机，告诉它我们要做什么事、如何去做。而编程语言是计算机可以听得懂的语言，我们就是通过编程语言来与计算机交流的。编程语言是未来世界人与机器交流的通用语言，学编程就是帮助孩子打开通向未来的大门。

二、为什么要学编程

想在计算机无处不在的世界里，更高效地使用计算机，就需要学会编程；想更好地读懂世界、适应世界、创造未来世界，也需要学会编程。学会编程就拥有了一笔宝贵的"人生财富"。学编程不仅可以提升孩子的自信心，增强成就感，还可以培养孩子科学探究精神，养成严谨踏实的良好习惯。让孩子从小学习编程的四大理由如下。

1. 培养抽象逻辑思维能力

编程就好比解一道数学难题，需要把复杂的大问题化解成一个一个简单的小问题，然后逐一突破，最终解决复杂的问题。在这个过程中，孩子的抽象逻辑思维能够得到很好的锻炼。

2. 培养勇于试错、敢于挑战的品质

在编程的世界里，犯错是常态，可以说编程就是一个不断试错的过程，但它的调试周期较短，试错成本低。这样，孩子们在潜移默化中，会逐渐培养出勇于试错、敢于挑战的品质，他们的内心会变得更加强大，能以更加平和的心态面对挫折和失败。无论哪个成长阶段，良好的心态始终是社会生存的重要支撑。

3. 培养孩子专注力

爱玩是每个孩子的天性，而编程学习却是一个要求专注的过程，这对大部分低龄的孩子来说是一项很大的挑战。但是编程学习有一个有别于其他学科学习的巨大优势，那就是可以实现游戏化学习，趣味性十足。通过类似游戏的角色代入、关卡设置、通关奖励等手段，可以让孩子自主地沉浸在编程学习情境中，在无形当中提升学习专注力。

4. 培养创新能力

编程注重知识与生活的联系，能够让孩子把想法变成现实，对孩子提升问题解决能力、动手能力有很大的帮助，从而推动孩子创新能力的培养。

三、为什么学习 C++ 编程

C++ 是目前非常流行的一种编程语言，由 C 语言发展而来，

因而其几乎包含了 C 语言的全部功能，而且比 C 语言更为丰富。目前，全国编程竞赛使用 C++ 作为比赛语言，故 C++ 也成为各级各类学校与培训机构主要教授的编程语言之一。

学习编程，绕不开代码。对于五年级以上的孩子，可以直接将 C++ 作为进入编程世界的第一门语言，这对培养孩子的编码能力很有帮助。长远来看，若将来打算走竞赛的道路，掌握 C++ 编程是有必要的。

四、本书特点

本书以单元和课的形式编排，从简单的例子着手，逐渐增强编程项目的难度；以程序为中心，注重算法设计。本书的主要特点如下。

- 利用故事情境引发学生思考，既独具匠心，又妙趣横生。
- 利用流程图厘清思路，激发学生的学习兴趣，培养学生的计算思维。
- 通过探究与实践，让学生在解决问题的过程中体会到编程的乐趣和魅力。
- 通过不同的练习，思考解决问题的不同方法。

五、适用读者

这是一本 C++ 编程的启蒙书籍，希望让更多的大朋友和小朋友通过本书爱上编程。本书适合：

- 想学编程的小朋友；
- 想教小朋友编程的老师；
- 想教小朋友编程的家长；
- 想在轻松、有趣的环境下探索编程的大朋友。

六、配套资源

随书附赠了书中所有案例的素材、源文件和视频微课。读者可以扫描下面的二维码，关注"职场研究社"微信公众号，回复"53120"，即可获取配套资源的下载链接地址。

我们希望读者在计算机旁阅读本书，遇到问题就上机实践，有不懂的地方，可以观看我们提供的微课。更希望读者有固定的学习时间，然后坚持学下去。

七、本书作者

参与本书编写的作者有省级教研人员，以及全国、省级优质课竞赛获奖教师，他们不仅长期从事计算机教学方面的研究，而且都有较为丰富的计算机图书编写经验。

本书由方其桂担任主编，冯士海、王丽娟担任副主编。本书的第 1 单元由李怀伦编写，第 3 单元由董俊编写，第 4 单元由王丽娟编写，第 2 单元、第 5 ~ 8 单元由冯士海编写，随书配套资源由方其桂整理并制作。

虽然我们有着十多年撰写计算机图书的经验，并尽力认真构思并反复审核修改，但仍难免有一些瑕疵。我们深知一本图书的好坏，需要广大读者去检验，在这里，我们衷心希望您对本书提出宝贵的意见和建议。我们的联系邮箱是 muguling@ptpress.com.cn。

方其桂

目录

第1单元

改变思维，让梦想起航
——进入 C++ 乐园

　　当我们使用鼠标双击计算机上的歌曲文件时，优美的旋律就会萦绕耳边；当我们的手指在手机屏幕上划过时，漂亮的照片就会呈现在眼前；当我们对着家庭机器人说"开灯"时，它就会把客厅的灯打开……这些活动都是人和机器的交流，机器之所以懂得"人"的指示，是因为机器内部有事先编写好的程序，这些程序都是使用程序设计语言编写的。

　　C++ 是一种程序设计语言，它结构清晰、语法简洁，接近人类语言，因此，比较适合初学者学习。计算机编程就是使用全新的思维方式解决问题，让计算机"听话"，替我们干活，多带劲啊！悄悄告诉你：还能帮小朋友做数学题呢！

学习内容

🐝 第1课 走进神秘的 C++ 世界——C++ 软件的下载与安装

🐝 第2课 让计算机说"Hello!" ——认识 C++

🐝 第3课 动物园里动物多——数据类型

🐝 第4课 鸡兔同笼问题——数学表达式

第 1 课

走进神秘的 C++ 世界
——C++ 软件的下载与安装

扫一扫，看视频

读故事

　　学校科技社团开展了 C++ 编程活动，牛牛第一次见到学长们是这样玩计算机的：学长们打开一款软件，输入几句英文，单击一个按钮，就可以把一道数学题的运算结果显示在计算机屏幕上。牛牛觉得太神奇了。于是周末，牛牛急切地打开爸爸的计算机，找了半天，也没找到学长们用的那款神奇软件。请你帮助牛牛下载并安装这样的软件。

理思路

1. 理解题意

　　牛牛的学长输入的那几句英文就是程序代码，其实，计算机

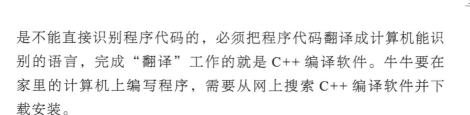

是不能直接识别程序代码的，必须把程序代码翻译成计算机能识别的语言，完成"翻译"工作的就是 C++ 编译软件。牛牛要在家里的计算机上编写程序，需要从网上搜索 C++ 编译软件并下载安装。

2. 问题思考

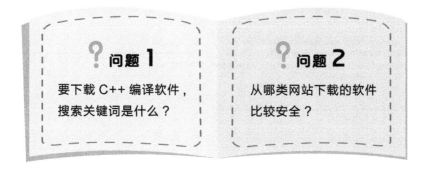

? 问题 1

要下载 C++ 编译软件，搜索关键词是什么？

? 问题 2

从哪类网站下载的软件比较安全？

查秘籍

要编写和运行 C++ 程序，就必须使用编写程序专用的软件，人们称之为"集成开发环境"。C++ 编译软件有多种，其中 Dev-C++ 是目前比较流行，也适合小学生使用的一款编译软件。因此，在百度中搜索关键词"Dev-C++ 下载"，即可找到该软件资源。为了避免计算机感染病毒，建议读者最好从大型的、权威的网站或 Dev-C++ 官方网站下载。

求解决

1. 下载软件

● **查找软件** 打开浏览器，进入百度搜索页面，输入关键词"Dev-C++ 下载"，单击"百度一下"按钮，在搜索结果页面中选择自己信任的 Dev-C++ 下载网站，如选择腾讯软件中心，单击

小学生 C++ 创意编程

地址链接，进入下载页面。

● 下载保存　按照下图所示的操作，下载并保存 Dev-C++
软件。

2. 安装软件

● 安装软件　按照下页图所示操作安装 Dev-C++ 软件。安装
程序启动后，安装语言默认为英语，单击"OK"按钮。

● 设置界面 程序安装完成后，单击 [Finish] 按钮。第一次启动软件时，会显示 Dev-C++ 的语言选择界面，这里选择"简体中文"，然后单击"Next"按钮。

● 设置字体 按照下图所示操作，设置 Dev-C++ 编辑器的字体为"Consolas"。

● 设置字号 打开 Dev-C++ 软件后，选择菜单栏中的"工具"→"编辑器选项"命令，弹出"编辑器属性"对话框，按照下页图所示操作，设置编辑器字号为"18"。

1. 英汉字典

install   [instɔ:l]   安装

next   [nekst]   下一步

2. Dev-C++ 的优点

Dev-C++ 编译软件功能齐全，界面简洁，可以在此软件中轻松实现 C++ 程序的编辑、编译、运行和调试工作，因此非常适合初学者使用。

3. 编辑和编译

编写程序就是通常所说的编程，也称为写代码。编写的程序代码必须翻译成机器语言，因为计算机只能识别机器语言，这里的"翻译"就是"编译"。

第**2**课

让计算机说"Hello!"
——认识 C++

扫一扫，看视频

读故事

　　牛牛家的计算机迎来了一位新客人——Dev-C++，这位客人可厉害了，据说可以让计算机唯命是从。牛牛不信，想测试一下这位客人的能力，如让计算机和牛牛说 Hello。可是，这位客人听不懂牛牛说的话，牛牛必须使用计算机编程语言同它"说话"。下面我们就动手帮牛牛编写一段 C++ 程序，把牛牛的想法告诉这位客人，让客人吩咐计算机说出"Hello！"吧！

理思路

1. 理解题意

　　让计算机说"Hello！"，就是让计算机在屏幕上显示"Hello！"。使用 C++ 语言来编程，就要遵循 C++ 语言的基本语法格式，然后使用输出语句完成"说"这个动作。

2. 问题思考

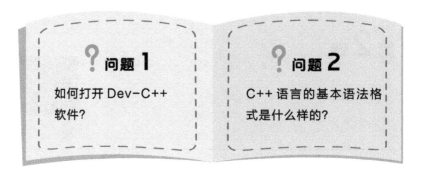

?问题 1

如何打开 Dev-C++
软件?

?问题 2

C++ 语言的基本语法格
式是什么样的?

3. 程序分析

根据牛牛的想法，要使用 C++ 的输出语
句说出"Hello！"，其流程图如右所示。

开始

↓

输出"Hello！"

↓

结束

查秘籍

1. 英汉字典

include	[in'klu:d]	包括；包含
main	[mein]	主要的部分
return	[ri'tɜ:n]	返回

2. 打开软件

双击桌面上的 Dev-C++ 快捷图标，打开 Dev-C++ 软件。可
以看到，C++ 软件的界面由标题栏、菜单栏、工具栏和源程序编辑
区等组成。

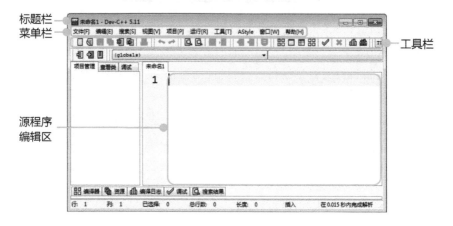

3. 新建源代码

选择菜单栏中的"文件"→"新建"→"源代码"命令，新建一个源代码文件，默认名称为"未命名 1.cpp"。

4. C++ 源代码基本格式

人们说话、写文章都有一定的格式，那么 C++ 语言也有一定的基本格式。初学者掌握了这种基本的格式，只需要在大括号"{ }"之间添加相应的 C++ 语句，就能让程序完成一定的功能。

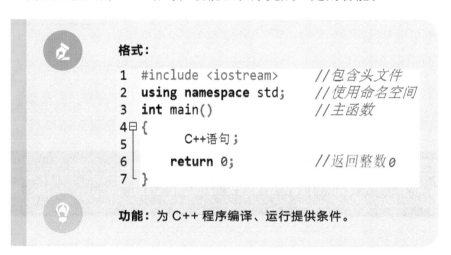

格式：

```
1   #include <iostream>        //包含头文件
2   using namespace std;       //使用命名空间
3   int main()                 //主函数
4  {
5       C++语句；
6       return 0;              //返回整数0
7  }
```

功能： 为 C++ 程序编译、运行提供条件。

这些格式能够保证程序的正常编译运行。程序能接收到键盘输入的信息，也能把信息显示在计算机屏幕上。如果程序异常，计算机屏幕上还会出现提示语。

5. 输出语句

输出语句是程序设计中非常重要的一种语句，C++ 中典型的输出语句是"cout<<"，可以输出一个整数，如 cout<<56；也可以输出字符串，如 cout<< "abcd"。

求解决

1. 编程实现

此程序只需输出"Hello！"，所以要在 C++ 程序基本格式中增加一条语句：cout<< "Hello!"，它就能完成说出"Hello！"的任务。

文件名 1-2-1.cpp 第 2 课 让计算机说 "Hello！"

```
1  #include <iostream>          //包含头文件
2  using namespace std;         //使用命名空间
3  int main()                   //主函数
4  {
5      cout<<"Hello!";          //输出问候语
6      return 0;
7  }
```

2．程序测试

选择菜单栏中的"运行"→"编译运行"命令，程序运行结果如下图所示，即计算机屏幕上输出问候语"Hello!"，用时 0.9542 秒。

```
Hello!
--------------------------------
Process exited after 0.9542 seconds with return value 0
请按任意键继续. . .
```

3．程序解读

本程序的第 5 行语句是一个输出语句，输出问候语"Hello！"。符号"<<"是英文符号，注意符号的方向不能写错。"<<"左边的"cout"表示输出，"<<"右边的部分是输出的内容。

4．易犯错误

本程序中有两个易犯错误点，一个是第 2 行和第 6 行语句末尾的分号容易被遗忘，另一个是语句"Hello！"的双引号必须是英文输入法状态下的双引号。

注意

在用 C++ 语言编写程序时，最好一直使用英文输入法。

1. 头文件

C++ 程序的开头一般都有类似这样的一行语句：

#include<iostream>   // 引用 iostream

iostream 是输入输出流文件，作用是把文件的输入输出流包含进程序。人们习惯将类似 iostream 这样的语句放置于程序开头，作为一种包含功能函数、数据接口声明的载体文件，所以称为头文件。头文件是用户应用程序和函数库之间的桥梁和纽带。

2. C++ 常用快捷键

功能	快捷键	功能	快捷键
新建源代码	Ctrl+N	运行已编译的程序	F10
恢复前次操作	Ctrl+Z	编译运行当前程序	F11
剪切已选内容	Ctrl+X	搜索替换指定内容	Ctrl+F
复制已选内容	Ctrl+C	选择全部程序内容	Ctrl+A
将复制内容粘贴至光标处	Ctrl+V	复制指定行	Ctrl+E
编译当前程序	F9	删除指定行	Ctrl+D

1. 修改程序

下面的程序中有两处错误，你能改正过来吗？

练习 1

```
1    #include <iostream>              //包含头文件
2    using namespace std _____ //使用命名空间  ❶
3    int main()
4 ┌ {
5    │    cout>>"欢迎来到C++乐园！";   //输出一句话 ____ ❷
6    │    return 0;
7 └ }
```

错误 1：_____

错误 2：_____

2. 完善程序

下面这段程序代码的作用是在计算机显示器上显示你的姓名。请完善此程序，实现该功能。

练习 2

```
1  #include <iostream>      //包含头文件
2  using namespace std;     //使用命名空间
3  int main()
4  {
5      cout<<"_____";  //输出你的姓名
6      return 0;            // 函数返回0
7  }
```

3. 阅读程序写结果

练习 3

```
1  #include <iostream>      //包含头文件
2  using namespace std;     //使用命名空间
3  int main()               //主函数
4  {
5      cout<<"报警电话: "<<110;
6      return 0;            // 函数返回0
7  }
```

输出：_____

4. 编写程序

牛牛觉得只让计算机输出"Hello！"的画面太单调，于是他打算把"Hello！"问候语放在花丛中，这里的花就是"*"。下图就是牛牛的输出结果。请你编写程序，看看能不能实现这个结果（注意：左右两边的"*"个数不同）。

```
**** Hello! *****
```

第 3 课

动物园里动物多
——数据类型

扫一扫，看视频

读故事

　　动物园中的动物真多呀！有美丽的梅花鹿，有调皮的刺猬，有可爱的松鼠，等等。为了方便管理，让每种动物住到合适的房间里，饲养员制作了一张表格，表格中的"动物编号"是整数，"动物身长"是实数。请编写程序，实现输出梅花鹿的编号和身长的功能。

动物编号	动物名称	动物身长 /cm
122	老虎	181.3
123	松鼠	31.4
124	刺猬	19.6
125	梅花鹿	142.3
126	兔子	55.3
127	狐狸	88.6
128	鹦鹉	30.2
129	野猪	150.3
130	乌龟	54.7

 理思路

1. 理解题意

根据题意，首先要在程序中分类保存动物的编号和身长，然后使用 C++ 的"cout<<"语句输出。

2. 问题思考

问题 1
C++ 中有哪些常用的数据类型？

问题 2
使用 C++ 语言如何实现"存放"数据？

3. 程序分析

首先，把动物的编号和身长保存在程序中，最后输出梅花鹿的编号和身长。其流程图如下图所示。

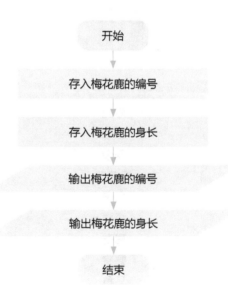

开始

存入梅花鹿的编号

存入梅花鹿的身长

输出梅花鹿的编号

输出梅花鹿的身长

结束

查秘籍

1. 英汉字典

float	[fləʊt]	浮点数
integer	[ˈɪntɪdʒə(r)]	整数，简写为 int
endl	end of line	的缩写，表示一行输出结束，然后输出下一行

2. 整型和实型

就像动物园中的动物一样，在 C++ 语言世界里的数据类型也有很多种，常用的是整型（int）和实型（float）。简单地说，数学中的整数就属于整型，带小数点的实数就属于实型。

3. 给变量赋值

动物园里每种动物都有自己的房间，同理，在 C++ 中，要存储数据也需要"房间"。例如，把整数 123 放在名称为 a 的整型"房间"里面，用 C++ 语言表示就是 int a=123；而要把小数 31.4 放在名称为 x 的实型"房间"里面，用 C++ 语言表示就是 float x=31.4。其中，"="称为赋值符号，字母 a 和 x 可以根据需要被赋值为不同的量，所以 a 和 x 被称为变量。（变量的相关知识将在第 2 单元中详细讲述。）

求解决

1. 编程实现

文件名　1-3-1.cpp　第 3 课　动物园里动物多

```
1  #include <iostream>
2  using namespace std;
3  int main()
4  {
5      int b=125;       //把动物编号125赋值给整型变量b
6      float y=142.3;   //把动物身长142.3赋值给实型变量y
7      cout<<b<<endl;   //输出b的值，然后换行
8      cout<<y<<endl;   //输出y的值，然后换行
9      return 0;
10 }
```

2. 程序测试

选择菜单栏中的"运行"→"编译运行"命令，运行程序。运行结果如下图所示，计算机屏幕上输出 2 行数字。

```
125
142.3

Process exited after 0.5611 seconds with return value 0
请按任意键继续. . .
```

3. 程序解读

本程序中第 5、6 行语句的功能是把 125 和 142.3 这两个数的分别赋值给变量 b 和 y；第 7、8 行语句的功能是分别输出变量 b、y 的值。

4. 易犯错误

本程序中第 7 行语句结尾使用了"endl"语句，使得输出第 1 个数据后换行，在第 2 行输出第 2 个数据。但是很多同学容易忘记"endl"语句，这样程序运行后就会出现如下错误结果。

```
125142.3

Process exited after 0.607 seconds with return value 0
请按任意键继续. . .
```

5. 程序改进

想一想，能不能让这两个数在同一行且分开显示呢？要分隔这两个数，必须在它们之间加空格，程序改写如下。

```cpp
#include <iostream>
using namespace std;
int main()
{
    int b=125;              //把动物编号 125 赋值给整型变量 b
    float y=142.3;          //把动物身长 142.3 赋值给实型变量 y
    cout<<b<<' '<<y<<endl;//输出 b 和 y 的值，然后换行
    return 0;
}
```

程序运行结果如下。

```
125 142.3
```

6. 拓展应用

本程序中，有一个整型变量 b 和一个实型变量 y，两者都是在赋值时声明变量类型。那么能不能在赋值前先声明变量类型呢？请你试一试。

1. C++ 中的常用数据类型

类型	类型说明符	说明	示例
实型	float	表示 38 位以内的小数	float a=3.141592
整型	int	表示小于 32767 的整数	int n=100
长整型	long	表示 21 亿以内的整数	long m=123456789
字符型	char	字符也可以看作整数	char ch='A'
布尔型	bool	表示真 (1) 或者假 (0)	bool c=true

2. endl 语句

endl 语句和 cout 语句搭配使用，表示当前行输出结束后，转到下一行。

1. 修改程序

下面这段程序代码中有两处错误，快来改正吧！

练习 1

```
 1  #include <iostream>
 2  using namespace std;
 3  int main()
 4  {
 5    int r=12;      //把整数12赋值给变量r
 6    int pi=3.141;  //把实数3.141赋值给变量pi        ❶
 7    cout<<a<<endl; //输出变量r的值                  ❷
 8    cout<<pi<<endl;//输出变量pi的值
 9      return 0;
10  }
```

错误 1：_____

错误 2：_____

2. 阅读程序写结果

练习 2

```
 1  #include<iostream>
 2  using namespace std;
 3  int main()
 4  {
 5    int x;       //声明变量x为整型
 6    x=2;         //将变量x赋值为2
 7    x=3;         //将变量x赋值为3
 8    x=6;         //将变量x赋值为6
 9    cout<<x;     //输出x的值
10      return 0;
11  }
```

输出：_____

3. 完善程序

牛牛的身高是 1.56m，你的身高呢？请在横线上填写相应的
C++ 语句，让计算机把你的身高显示在屏幕上。

练习 3

```
 1  #include<iostream>
 2  using namespace std;
 3  int main()
 4  {
 5    float h;       //声明表示身高的变量h
 6    _____;    //把你的身高赋值给变量h
 7    cout<<h<<'m';  //输出你的身高
 8      return 0;
 9  }
```

4. 编写程序

　　牛牛和妈妈在湖边散步，对岸的古塔灯火辉煌，在灯光的映射下，湖面波光粼粼。对数字比较敏感的牛牛有了新发现：古塔有 5 层，每层都有灯。第一层有 1 盏灯，第二层有 2 盏灯，第三层有 3 盏灯……由近及远，观察古塔在水中的倒影，牛牛发现古塔的各层灯的数目从大到小排列为 5、4、3、2、1。请编写程序，把第一层到第五层灯的数目分别存放在 5 个变量中，然后在计算机屏幕上倒序显示第五层到第一层灯的数目，共 5 行，每行一个数字。

第 **4** 课

鸡兔同笼问题
——数学表达式

扫一扫，看视频

读故事

我国古代有个经典的数学题目：在一个笼子中，关着很多只鸡和兔子，主人想知道分别有多少只鸡和兔子。从上面数，头共有 35 个；从下面数，脚共有 94 只。你能用 C++ 语言编程求出笼中的鸡和兔子各有多少只吗？

理思路

1. 理解题意

根据题意可知，兔子和鸡的数目都是整数。鸡和兔子都只有 1 个头，所以鸡和兔子的总数就是头的数目；鸡和兔的不同在于鸡有 2 只脚，而兔子有 4 只脚，因此鸡和兔子的数目差异主要在脚的数目上。

2. 问题思考

问题 1 题目中能用到哪些 C++ 语言中的运算符？

问题 2 使用 C++ 语言如何表达出题目中运算的关系？

3. 程序分析

假设全是兔子，每只兔子有 4 只脚，用总的头数乘以 4 得到的结果就是全部脚的数目。而每只鸡要比每只兔子少 2 只脚，所以如果按全是兔子来计算，脚的数量一定比实际数量多，多出来的脚的数量就是因为把每只鸡多算了 2 只脚，所以用多出来的脚的数量除以 2 就得出鸡的数量。

计算过程如下。

假设全是兔子，则兔子的脚数：

$35 \times 4 = 140$（只）

计算出来的兔子的脚数比实际脚数多出的数量：

$140 - 94 = 46$（只）

每只兔子比每只鸡多出的脚数：

$4 - 2 = 2$（只）

鸡的数量：

$46 \div 2 = 23$（只）

兔子的数量：

$35 - 23 = 12$（只）

查秘籍

1. 英汉字典

[Error] 'b' was not declared in this scope

错误提示：变量 b 未在此范围内声明。

[Error] expected ';' before 'a'

错误提示：变量 a 前缺少分号。

2．题目中的变量

根据题意可知，参与运算的变量有"头"的数目、"脚"的数目、"鸡"的数目和"兔子"的数目。因此，可以分别用 4 个字母表示：h、f、j、t，并且都是整型数据。

3．运算符和表达式

在数学中，常见的运算符是 +、−、×、÷。在 C++ 中，常见的运算符和数学里面的很相似，它们分别是 +、−、*、/。例如，35×4 可表示为 35*4；$46 \div 2$ 可表示为 46/2。

对于以下 3 个数学表达式：

$35 \times 4 = 140$

$140 − 94 = 46$

$46 \div 2 = 23$

则可以表示为 (35*4-94)/2。

求解决

1．编程实现

文件名　1-4-1.cpp　第 4 课　鸡兔同笼古问题

```cpp
1   #include"iostream"
2   using namespace std;
3   int main()
4   {
5       int h,f,j,t;            //定义4个变量
6       h=35;f=94;              //为变量赋值
7       j=(4*h-f)/2;            //计算鸡的只数
8       t=h-j;                  //计算兔子的只数
9       cout<<"j="<<j<<endl;    //输出鸡的只数
10      cout<<"t="<<t<<endl;    //输出兔子的只数
11      return 0;
12  }
```

2. 程序测试

程序运行结果如下。

3. 程序解读

本程序中，第 6 行语句是题目中已知条件的设置，作用是有利于第 7 行和第 8 行语句的运算。第 9 行和第 10 行语句中的 "j=" 和 "t=" 起提示作用，方便读者清楚地看到运行程序的结果。这种输出方式在 C++ 中很常用。

4. 易犯错误

程序第 7 行语句中的小括号 "( )" 一定要成对出现。先运算第 7 行语句，得出结果再参与第 8 行语句的运算，所以第 7 行和第 8 行语句的顺序不能颠倒。

注意

C++ 中的除号不是 "\"，而是 "/"。符号 "\" 常被称为 "反斜杠"。

5. 程序改进

想一想，要在同一行输出鸡和兔子的只数，该如何修改程序呢？参考输出样例如下。

j=23 t=12

6. 拓展应用

如果简化了程序，只用两个变量，那么上述程序该如何修改呢？在下面程序的划线处填写正确的语句。

```
int main()
{
    int h,f;                                //定义两个变量
    h=35;f=94;                              //为变量赋初始值
    cout<<"j="<<    _____  <<endl;      //输出鸡的只数
    cout<<"t="<<    _____  <<endl;      //输出兔子的只数
}
```

1. 算术运算符

在 C++ 中，算术运算符用于各类数值运算，包括加（+）、减（-）、乘（*）、除（/）、求余（%）。其中，除号是"/"，而不是数学中的除号"÷"。C++ 中的"/"有特殊规定，两个整数相除，其值为相除结果的整数部分。例如，5/2 的值是 2，而不是 2.5。如果有实数参与运算，则和数学中的除号"÷"用法一样。例如，5.0/2 或 5/2.0 的值是 2.5。

求余的运算符"%"也称为模运算符，"%"左右两侧均应为整型数据。对于整数 a 和 b，a%b 的值就是 a 除以 b 的余数。例如，5%2 余数为 1，2%5 余数为 2。

2. 算术表达式

用算术运算符和小括号将运算对象连接起来的式子，称为算术表达式。例如，a*b/c -（1.5 + 3）。在用表达式求值时，要按照运算符的优先级别依次执行，如先算乘除后算加减，有小括号先算小括号内的式子。相同级别的算术运算符运算顺序为"自左至右"。

1. 阅读程序写结果

练习 1

```cpp
1  #include<iostream>
2  using namespace std;
3  int main()
4  {
5      int i,c;        // 声明变量
6      i=0;            //初始化i的值
7      i=i+2;          //i 增加2
8      i=i+2;          //i 再增加2
9      c=(i+5)*i-10;   //计算c的值
10     cout<<c<<endl;  //输出c的值
11     return 0;
12  }
```

输出结果：_____

2. 查找错误

下面这段程序代码中有 3 处错误，快来改正吧！

练习 2

```cpp
1  #include<iostream>
2  using namespace std;
3  int main()
4  {
5      int a;b;            ❶
6      int sum;
7      a=10;
8      b=20               ❷
9      a+b=sum;           ❸
10     cout<<"sum="<<sum<<endl;
11  }
```

错误 1：_____

错误 2：_____

错误 3：_____

3. 完善程序

已知梯形的上底长为 15.3，下底长为 20.7，高为 12.2，编写程序计算并输出该梯形的面积。提示：梯形面积的计算公式 =（上底 + 下底）× 高 ÷ 2。

练习 3

```
1  #include"iostream"
2  using namespace std;
3  int main()
4  {
5      float a,b,h,s;      //声明变量
6      a=15.3;             //对变量a（上底）赋值
7      b=20.7;             //对变量b（下底）赋值
8      h=12.7;             //对变量h（高）赋值
9      s=_____;      //计算梯形面积
10     cout<<s<<endl;
11     return 0;
12 }
```

4. 编写程序

已知排球场占地是长方形，长 21m，宽 12m，请编写程序计算并输出该长方形的周长和面积。

第 2 单元
编写程序，基础做起
——顺序结构

通过前面的学习，我们知道程序就是用来解决问题的，如让计算机做加法、自我介绍等，这些简单的程序已经体现出用计算机处理问题的步骤顺序，每条语句按自上而下的顺序依次执行，这种自上而下依次执行的程序称为顺序结构程序。

在一个程序中，所有的操作都由执行部分来完成，而执行部分又都是由一条条基本语句组成的。因此，本单元先学习 C++ 中的输入、输出、赋值、常量、变量等基本语句。在学习这些基本语句的过程中，逐步学会解决问题的思路以及程序设计的基本方法。

学习内容

读故事

羊羊学校准备开展"世界奇迹作品展"活动，山羊老师让大家用手中的笔，或是计算机绘制出自己所了解的世界奇迹。小羊羊作为羊羊学校唯一的计算机高手，认为 C++ 程序不仅可以解决很多数学问题，也可以打印出漂亮的图形。胖羊羊表示不服气："你就会吹牛！"。

"那就让我先打印出一个金字塔图形给你看看吧。"小羊羊不紧不慢地答道。试编写程序输出金字塔图形。

理思路

1. 理解题意

在使用 C++ 程序输出金字塔图形之前，首先要了解金字塔的结构，它是一个三角形。输出金字塔图形时，必须选择一个代替砖块的符号，这里用字符"#"表示。假设金字塔共有 4 层，从最底层开始依次向上，每一层的砖块数呈递减规律，直到顶端只有一个砖块。在 C++ 程序中，金字塔的每一层代表一行，可以用一个输出语句显示每一层的"砖块"，即 #。

2. 问题思考

在 C++ 中，输出是通过 cout 语句实现的。在使用 cout 语句前，必须将相应的头文件 <iostream> 包含在程序中。

格式： cout<< 项目 1<< 项目 2<<……<< 项目 n;

功能： 将流插入运算符"<<"右侧项目的内容输出到系统指定的设备（如显示器）上。

求解决

1. 编程实现

```cpp
1  #include <iostream>          //头文件
2  using namespace std;         //使用命名空间std（标准）中的内容
3  int main()
4  {
5      cout<<"    #    "<<endl;
6      cout<<"   ###   "<<endl;
7      cout<<"  #####  "<<endl;
8      cout<<" ####### "<<endl;
9      return 0;
10 }
```

2. 程序测试

程序运行结果如下。

3. 程序解读

本程序中，第 1 行语句 #include <iostream> 的作用是为程序提供输入或输出时所需要的一些信息；第 2 行语句的作用是表示使用命名空间 std 中的内容，避免编写程序时变量名字产生冲突；"endl" 表示回车换行。

4. 易犯错误

程序中的标点符号都是在英文状态下输入的。程序中的每一条语句都以分号结束，但 "#include <iostream>" 之后不加语句分隔符 "；"。

1. #include 语句的格式

#include 是预处理命令的一种。预处理命令可以将目标程序代码内容引用到指定程序代码中。

预处理命令在程序中都是以"#"开头的，每一条预处理命令必须单独占一行。由于它不是 C++ 的语句，因此，一般在结尾不加分号"；"。预处理命令的引用格式有两种：

#include ＜文件名＞

#include "文件名"

一般情况下，这两种格式的引用效果一样。例如，语句"#include <iostream>"也可以写成"#include "iostream""，表示正在编写的程序中会用到文件 iostream 中的语句或者功能。

2. cout 语句的作用

cout 语句的作用是将要输出的内容输出到计算机显示器上。例如，"cout<<"#"；"的含义是在计算机显示器上输出双引号中的字符"#"。

1. 修改程序

下面这段代码用来输出一个加法算式，其中有两处错误，快来改正吧！

练习 1

```
1  #include <iostream>
2  using namespace std;
3  int main()
4  {
5      cout<<"85+10＝"          ❶
6      cout<<" 95" ;            ❷
7      return 0;
8  }
```

错误 1：_____

错误 2：_____

2. 阅读程序写结果

练习 2

```
1  #include <iostream>
2  using namespace std;
3  int main()
4  {
5      cout<<"大家好！";
6      cout<<"我是萌萌兔";
7      return 0;
8  }
```

输出：_____

3. 完善程序

完善下面的程序，实现在计算机显示器上分4行输出古诗《江雪》。

练习 3

```
1  #include _____
2  using namespace std;
3  int main()
4  {
5      cout<<"千山鸟飞绝,"<<endl;
6      cout<<"万径人踪灭。"<<____;
7      cout<<_____
8      _____
9      return 0;
10 }
```

程序运行结果如下。

千山鸟飞绝,

万径人踪灭。

孤舟蓑笠翁,

独钓寒江雪。

第6课

圆形土楼求面积
——常量与变量

扫一扫，看视频

读故事

在我国福建有一种圆形土楼，它历史悠久、风格独特、规模宏大、结构精巧。土楼的圆形平面直径最大可达 70 余米，共 3 环，房间可达 300 余间。现给你一个圆形土楼的半径，你能编写出求这个圆形土楼的面积的 C++ 程序吗？

理思路

1. 理解题意

本程序实质就是输入一个圆的半径，计算该圆的面积并输出。

2. 问题思考

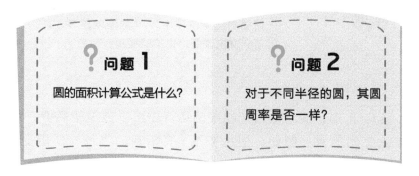

? 问题1

圆的面积计算公式是什么？

? 问题2

对于不同半径的圆，其圆周率是否一样？

3. 程序分析

根据圆的面积的计算公式：圆面积（S）= 圆周率（π）× 半径（r）× 半径（r）

我们知道要计算一个圆的面积和周长，需要知道两个量：一个是半径值，另一个是圆周率。在本程序中，半径值是随机输入的，而圆周率是固定的。程序实现流程如下。

- 第 1 步：输入半径值。
- 第 2 步：声明圆周率常数。
- 第 3 步：计算圆的面积并输出。

开始

↓

输入半径值

↓

声明圆周率值

↓

计算圆的面积

↓

输出面积

↓

结束

1. 常量

在 C++ 中，常量是指在程序中使用的一些具体的数值或字符，在程序运行过程中，其值不能被改变，如 10、1.2、'A' 等。符号名就是给常量取的名字，用标识符代表，如圆周率我们就可以用常量 PI 来表示。常量的声明方式如下。

格式：const 数据类型 常量名 = 常数
例如：const float PI=3.14

功能：把 3.14 这个数值赋值给名为 PI 的这个常量，在后面的运算过程中，PI 的值就是 3.14，它不会发生改变，也不能被重新赋值。

2. 变量

在 C++ 中，变量是指在程序的运行中可以被重新赋值，其值会发生变化的量。例如，使用变量 r 表示圆的半径，使用变量 s

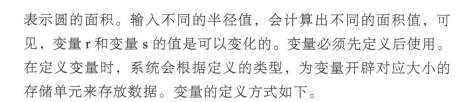

表示圆的面积。输入不同的半径值，会计算出不同的面积值，可见，变量 r 和变量 s 的值是可以变化的。变量必须先定义后使用。在定义变量时，系统会根据定义的类型，为变量开辟对应大小的存储单元来存放数据。变量的定义方式如下。

格式： 数据类型 变量名；
　　　例如：int a;
　　　　　　float r,s,c;

功能： int a; 表示在计算机内存空间中开辟一个整型数据范围的存储单元，命名为 a。
float r,s,c; 表示开辟 3 个浮点型存储单元，分别命名为 r、s 和 c。在运算过程中，这 3 个单元用来存储数据。且存储的值可以发生改变。

1．编程实现

文件名　2-2-1.cpp　第 6 课　圆形土楼求面积

```cpp
1  #include<iostream>
2  using namespace std;
3  int main()
4  {
5      float r,s,c;                    //定义实型变量
6      cout<<"请输入半径:";
7      cin>>r;                          //输入半径r的值
8      const float PI=3.14;             //声明PI为常量
9      s=PI*r*r;                        //计算圆的面积
10     cout<<"圆的面积是:"<<s<<endl;   //输出圆的面积
11 }
```

2．程序测试

如果输入 r 的值为 3，则程序运行结果如下。

请输入半径:3
圆的面积是:28.26

3. 程序解读

本程序中涉及 2 个变量和 1 个常量，它们的声明方式在格式上有所区别。在 C++ 中，符号常量名一般用英文大写字母表示，而变量名用英文小写字母表示，以便于区别。

本程序第 9 行语句中的 "endl" 的作用是输出 s 的值后换行。

4. 易犯错误

在编写本程序代码的过程中，声明变量时要根据题意来确定变量的数据类型。例如，圆的面积要声明为实型类型。

阅览室

1. 常量的优势

● 修改方便。无论程序中出现多少次已定义的常量，只要在声明常量时，对定义的常量值进行一次修改，程序中出现的该常量的值会全部修改。

● 可读性强。常量具有明确的含义，如上述程序中定义的 PI，一看到 PI 就会想到圆周率。

2. 变量的命名规则

一个程序中可能要使用多个变量，为了区别不同的变量，必须给每个变量取一个名字，这个名字就称为变量名。原则上变量名可以任意命名，如 a、aa、a1 都可以，但也要遵守一定的命名规则。C++ 中，变量的命名规则如下（常量的命名也遵循以下规则）。

（1）变量名只能由字母（a ~ z，A ~ Z）、数字（0 ~ 9）或下划线组成，不能含有其他符号，如 n，m2，rot_a 等都是合法的变量名，而 m.jack、a<=b 均是不合法的变量名。

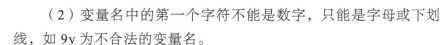

（2）变量名中的第一个字符不能是数字，只能是字母或下划线，如 9y 为不合法的变量名。

（3）变量名不能是 C++ 的关键字。所谓关键字，即 C++ 中已经定义好的有特殊含义的单词，如 main、include 等。

（4）变量要"先定义后使用"，并且变量名的字母大小写是有区别的，如 A1 和 a1 是两个不同的变量。变量名的长度建议不要超过 8 个字符。

3. 变量的赋值

在编写程序的过程中，变量的用途是最广的，因为只要涉及运算就需要数据的存储，并且变量的值在运算过程中会随时发生改变。例如，执行两次 a=3;a=5; 语句后，输出 a 的值就是 5。

名师点拨

变量被重新赋值后，其新值会替换原来的值。

变量在声明时也是可以直接赋值的，称为变量的初始化。例如，int a=10; 就是在声明变量 a 的同时，给 a 赋初始值 10。

在 main( ) 主函数中，若直接声明变量而不给它赋初始值，那么这个变量的值就是一个随机数，而不是 0。

练武功

1. 完善程序

下面这段程序代码的作用是输入两个圆的半径（要求半径类型为整型），计算这两个圆的面积并输出。试补充语句，使程序完整。

```
1   #include<iostream>
2   using namespace std;
3   int main()
4   {
5       ____①____;              //声明圆周率常量PI
6       int r1,r2;
7       ____②____;              //声明两个圆的面积变量s1和s2
8       cin>>r1>>r2;
9       s1=PI*r1*r1;
10      s2=PI*r2*r2;
11      cout<<s1<<__③__<<s2;   //输出两个圆的面积并换行
12      return 0;
13  }
```

语句 1：_____

语句 2：_____

语句 3：_____

2. 阅读程序写结果

```
1   #include<iostream>
2   using namespace std;
3   int main()
4   {
5       int a=8;
6       int b=5;
7           b=7;
8       cout<<a*b<<endl;
9       return 0;
10  }
```

输出：_____

3. 编写程序

随机输入两个整数，并输出这两个数的平均值。

第 **7** 课

交换果汁享快乐
——赋值语句

 **读故事**

放学后，喜羊羊和灰太狼一起来到了冷饮店。喜羊羊点了一杯西瓜汁，灰太狼点了一杯橙汁。灰太狼看到对面的喜羊羊喝得津津有味，于是它也想尝尝西瓜汁的味道。他看了一下手中还剩下的半杯橙汁，有了主意，它要与喜羊羊玩一个交换礼物的游戏。灰太狼对喜羊羊说："我用橙汁和你的西瓜汁交换一下，这样我们都可以喝到不

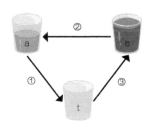

同的果汁饮料。"喜羊羊觉得这个提议不错，但它不想交换漂亮的杯子，只想交换杯中的果汁。这该如何做呢？

试编写一个程序，定义两个正整数变量，使 $a=50$ 和 $b=100$，交换 a 和 b 的值，即使 a 的值等于 100，b 的值等于 50。

 **理思路**

1. 理解题意

如果将两个杯中的饮料直接交换，西瓜汁和橙汁就成混合物了，显然不好喝。这时容易想到需要借助一个空杯子 t 进行交换。同理，要交换两个变量的值，也需引入第三个变量。

2．问题思考

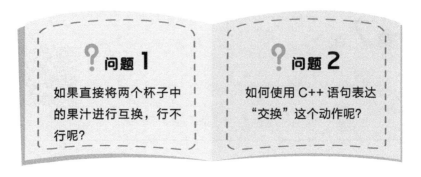

问题 1

如果直接将两个杯子中的果汁进行互换，行不行呢？

问题 2

如何使用 C++ 语句表达"交换"这个动作呢？

3．程序分析

假设 a 杯中有 50ml 的橙汁，b 杯中有 100ml 的西瓜汁，则解决交换问题的流程如下。

● 第 1 步：先将 a 杯中的橙汁倒入空杯 t 中。

● 第 2 步：再将 b 杯中的西瓜汁倒入 a 杯中。

● 第 3 步：再把 t 杯中的橙汁倒入 b 杯。

● 第 4 步：输出交换后杯子 a、b 中饮料的量。

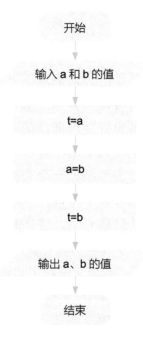

开始

↓

输入 a 和 b 的值

↓

t=a

↓

a=b

↓

t=b

↓

输出 a、b 的值

↓

结束

查秘籍

1．简单赋值语句

在 C++ 中，赋值运算是通过赋值号"="实现的。其中，"="称为赋值运算符或赋值号。不能把赋值运算符"="读成"等号"，如"a=3；"应读作"把 3 赋值给 a"，"c=a+b；"应读作"把 a+b 的值赋给 c"。只有赋值运算符的赋值语句，如 a=b，c=a+b 等称为简单赋值语句。其语法格式如下页。

格式： 变量 = 值（表达式）；

功能： 把赋值号右边的值（或表达式的值）赋值给左边的变量。例如，a=5；表示把整数 5 赋值给变量 a，b=3*a+2；表示把 3*a+2 的值赋给变量 b。

2. 复合赋值语句

在 C++ 中，在赋值运算符 " = " 之前加上算术运算符，如 " + = " 可以构成复合赋值运算符。除此以外，常用的复合赋值运算符还有 " – = " " * = " " / = " " % = " 等。由复合赋值运算符构成的赋值语句称为复合赋值语句。其语法格式如下。

格式： a+=2；

功能： 等价于 a=a+2，即先使 a 加 2，再赋值给 a，相当于使 a 进行一次自加 2 的操作。

1. 编程实现

文件名　2-3-1.cpp　第 7 课　交换果汁享快乐

```
1  #include<iostream>
2  using namespace std;
3  int main()
4  {
5      int a,b,t;    //定义3个变量a、b、t
6      cin>>a>>b;    //输入a、b的值
7      t=a;a=b;b=t;  //交换a、b的值
8      cout<<"a="<<a<<"b="<<b<<endl;
9  }
```

2．程序测试

如果输入 a 和 b 的值分别为 50 和 100，则程序运行结果如下。

```
a=100   b=50
```

3．程序解读

本程序第 7 行中有 3 条语句，通过三步操作完成了 a 和 b 的值交换。在实际编程中，通常用花括号括起来，即 {t=a;a=b;b=t;}。

4．易犯错误

本程序第 7 行中的 3 条语句的顺序是不能颠倒的。第 1 步 t=a;是为了把变量 a 的值暂存到变量 t 中。如果第 1 步使用语句 a=b;，就会用变量 b 中的值覆盖变量 a 的值，由于变量 a 的值没有提前"转移"，从而会丢失。这样就达不到交换的效果了。

阅览室

1．复合赋值

在 C++ 中，有时为了提高程序的执行效率，可以对复合赋值语句进行简写，简写规则如下。

复合赋值语句	简写	复合赋值语句	简写
a=a+b	a+=b	a=a*b	a*=b
a=a-b	a-=b	a=a/b	a/=b

2．赋值转换

当赋值运算符两侧的数据类型不同时，需进行类型转换，这种转换是系统自动进行的，其转换规则如下。

（1）单精度类型（float）或双精度类型（double）赋值给整型（int）时，直接去掉小数。例如，定义 i 为整型变量，执行"i=5.56"的结果是 i 的值为 5。

（2）int、char 型赋值给 float、double 型，补足有效位以进

行数据类型转换。例如，定义 f 为 float 实型，执行"f=8"的结果是 f 的值为 8.0000000。

1. 修改程序

下面这段程序代码的作用是求两个数的和，其中有 3 处错误，快来改正吧！

练习 1

```
1  #include<iostream>
2  using namespace std;
3  int main()
4  {
5      int a,b,s, _____  ❶  //声明整型变量
6      a=5;                           //对变量a赋值为5
7      b=10 _____         ❷  //对变量b赋值为10
8      a+b=s; _____       ❸  //把求和结果赋值给s
9      cout<<"s="<<s<<endl;
10 }
```

错误 1：_____

错误 2：_____

错误 3：_____

2. 阅读程序写结果

练习 2

```
1  #include<iostream>
2  using namespace std;
3  int main()
4  {
5      int i=1,s=0;//声明变量并赋值
6      s+=i;       //等价于s=s+i
7      i*=2;       //等价于i=i*2
8      s+=i;       //再次求和赋给s
9      i*=2;       //i再次乘2
10     cout<<"i="<<i<<"s="<<s<<endl;
11 }
```

输出：_____

3. 完善程序

方舟小学的操场是一个长方形，其中，长为200m，宽为100m，编写程序计算并输出该操场的周长。

练习3

```
1    #include<iostream>
2    using namespace std;
3    int main()
4    {
5        int a,b,c;
6        a=200;       //变量a赋值为200
7        b=100;       //变量b赋值为100
8        c=_____;  //计算长方形周长
9        cout<<"c="<<c<<endl;
10       return 0;
11   }
```

第 **8** 课

歌手得分我统计
——cin 语句

扫一扫，看视频

读故事

　　在一场歌咏比赛中，由 3 位评委为每个歌手打分，每位评委的打分区间为 0 ~ 10 分，3 位评委的平均分将作为歌手的最终得分，且要求保留 2 位小数。参加这场比赛的选手共有几百人，计算歌手最终分的工作量比较大，且容易计算错误。主办方要求即时输入各评委的打分，然后将歌手的最终得分快速呈现到 LED 显示屏上，你能帮助主办方编写这个 C++ 程序吗？

理思路

　1. 理解题意

　　由于歌手的最终得分是 3 位评委打分的平均值，则必须先求出 3 位评委打分的和。

2. 问题思考

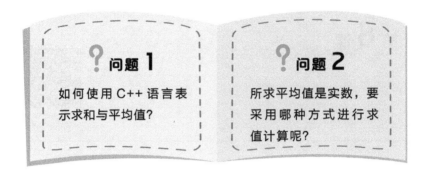

问题 1

如何使用 C++ 语言表示求和与平均值?

问题 2

所求平均值是实数,要采用哪种方式进行求值计算呢?

3. 程序分析

输入 3 位评委所打的分数,累加在一起,最后除以 3,便求出平均值。程序实现步骤如下。

- 第 1 步:定义变量 s,并赋初始值为 0。
- 第 2 步:输入第 1 位评委的打分,累加在变量 s 中。
- 第 3 步:输入第 2 位评委的打分,累加在变量 s 中。
- 第 4 步:输入第 3 位评委的打分,累加在变量 s 中。
- 第 5 步:计算平均分。
- 第 6 步:输出平均分。

查秘籍

1. 累加求和

累加求和是计算机编程中的一种基本算法。通常先声明一个变量,并设置初始值为 0,然后逐一获得数据,重复累加获得的数据并赋值于 s。例如,变量 s=0;、s=s+1;、s=s+1; 这 3 个语句完成了连续两次累加的过程,最终变量 s 的值为 2。这种思想为以后使用 for 语句实现更多的数据累加奠定了基础。

2. 强制类型转换

在 C++ 中,数据类型转换是指将数据从一种类型转换到另一种类型。数据类型转换有自动类型转换和强制类型转换两种。当自动类型转换不能实现时，需要进行强制类型转换。强制类型转换的格式如下。

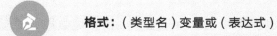

格式：（类型名）变量或（表达式）

功能：如（double）a是将a转换为double类型。

求解决

1. 编程实现

文件名　2-4-1.cpp　第8课　歌手得分我来输

```
1  #include <iostream>
2  using namespace std;
3  int main()
4  {
5      int p1,p2,p3;       //定义3个变量，表示3位评委打分
6      int s=0;            //定义累加变量s，初始值为0
7      float pj;           //平均分
8      cin>>p1;            //输入第1个评委的打分
9      s=s+p1;             //累加求和
10     cin>>p2;            //输入第2个评委的打分
11     s=s+p2;             //累加求和
12     cin>>p3;            //输入第3个评委的打分
13     s=s+p3;             //累加求和
14     pj=(float)s/3;      //计算平均分
15     printf("%.2f\n",pj);//输出平均分
16     return 0;
17 }
```

2. 程序测试

依次输入3位评委所打的分数：6、5、8，程序运行结果如下。

```
6
5
8
6.33
```

3．程序解读

本程序中，第 6 行语句 s=0 的作用是为后面的累加求和做准备；第 9 行、第 11 行、第 13 行语句的作用是完成累加运算。

4．易犯错误

第 14 行语句容易编写错误。由于变量 s 为整型数据，对于 s/3 的结果，系统会自动舍去小数部分。而题目中要求保留 2 位小数，所以需要进行强制类型转换，将其类型转换为实型——(float)s/3，这样才能保证输出结果正确。

5．程序改进

由于此实例中重复输入的数据比较少，因此可以一次性输入完成，程序可改进如下。

```cpp
#include <iostream>
using namespace std;
int main()
{
    int p1,p2,p3;          //定义 3 个整型变量，代表 3 位评委的打分
    int s=0;               //定义累加变量 s，初始值为 0
    float pj;              //定义平均分变量
    cin>>p1>>p2>>p3;       //输入 3 位评委的打分
    s=s+p1+p2+p3;          //累加求和
    pj=(float)s/3;         //计算平均分
    printf("%.2f\n",pj);   //输出平均分
    return 0;
}
```

思考：如果有 100 个数累加在一起，这种方法还能用吗？

阅览室

1．printf 函数

与 scanf( ) 函数一样，printf( ) 函数也是 C++ 标准的库函数。

格式： printf("< 格式化字符串 >", < 参数列表 >);

功能： 按照某种格式输出数据。例如，格式字符 %d 表示将对应的变量输出为整型。

格式字符 %f 表示输出对应的变量为实型，默认小数部分为 6 位。例如，printf("%.2f",1.1254); 的输出结果为 1.13，其中 %.2f 表示小数点后保留两位数，并且自动四舍五入。

2. 两类输入 / 输出的区别

（1）对于普通数据的输入 / 输出，使用 cin 和 cout 语句比较方便；对于格式化有具体要求的输入 / 输出，使用 scanf( ) 和 printf( ) 函数比较方便。

（2）cin 和 cout 语句能够自动识别变量的数据类型，在输入 / 输出时，不需要指定数据类型，而 printf( ) 和 scanf( ) 函数在输入 / 输出时需指定数据类型。

1. 修改程序

下面这段程序代码的作用是输入三角形的三边长，求三角形的周长并输出。该程序段中有两处错误，快来改正吧！

练习 1

```
1   #include <iostream>
2   using namespace std;
3   int main()
4   {
5       float a,b,c;      //定义实型变量
6       int s;            //定义实型变量 ❶
7       cin>>a>>b>>c;
8       s=a+b;            //求a、b、c的和 ❷
9       cout<<s;          //输出3个数之和
10      return 0;
11  }
```

错误 1：_____

错误 2：_____

2. 完善程序

请完善以下程序，实现当输入 2、3、4 时，输出 1×2×3×4 的值。

练习 2

```
1  #include <iostream>
2  using namespace std;
3  int main()
4  {
5      int n1,n2,n3;
6      int ❶____;        //定义变量s，初始值为1
7      cin>>n1;           //输入数值赋给变量n1
8      s=s*n1;            //s乘以n1的积赋值给s
9      cin>>n2;           //输入数值赋给变量n2
10     ❷_____;        //s乘以n2的积赋值给s
11     cin>>n3;           //输入数值赋给变量n3
12     s=s*n3;            //s乘以n3的积赋值给s
13     cout<<s;           //输出变量s的值
14     return 0;
15 }
```

3. 阅读程序写结果

练习 3

```
1  #include <iostream>
2  using namespace std;
3  int main()
4  {
5      int a,b,c;         //声明整型变量
6      float s;           //声明实型变量
7      cin>>a>>b>>c;      //输入3个整数
8      s=(a*b+c)/2.0;     //计算结果赋值给s
9      cout<<s<<endl;     //输出s的值
10     return 0;
11 }
```

输入：8 4 7

输出：_____

4. 编写程序

已知 b=7，a=2.5，c=4.7，编写程序计算下面算术表达式的值并输出：a+(int)(b/3*(int)(a+c)/2.0)%4。

第 3 单元

鱼和熊掌，不可兼得
——选择结构

通过前面单元的学习，我们熟悉了输入/输出、赋值语句、常量、变量等 C++ 最基础的语言设计，本单元将学习一种新的语言结构——选择结构。

C++ 中提供了 3 种选择结构，即 if 选择结构、if-else 选择结构和 switch 选择结构，用于判断给定的条件，根据判断的结果来控制程序。

学习内容

🐝 第 9 课 明明能否去轮滑——if 语句

🐝 第 10 课 我来拯救小企鹅——if-else 语句

🐝 第 11 课 我帮田忌选赛马——if-else 语句嵌套

🐝 第 12 课 我帮妈妈分垃圾——switch 语句

第9课

明明能否去轮滑
——if 语句

扫一扫，看视频

读故事

　　明明最喜欢的户外运动是轮滑。今天是周末，明明想去轮滑，妈妈却拿出了明明的作业本，要求明明限时做 30 道口算题，并且做到正确率在 60% 以上，才可以去轮滑，明明欣然答应。你的任务就是根据明明做对的题数，帮妈妈判断一下明明能否去轮滑。

理思路

1. 理解题意

　　给出明明做正确的题目数，然后计算出正确率。如果正确率大于或等于 0.6（60%），就可以告诉明明这个好消息——他可以去轮滑了。

2. 问题思考

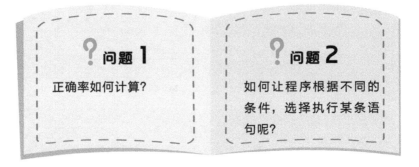

? 问题 1

正确率如何计算？

? 问题 2

如何让程序根据不同的条件，选择执行某条语句呢？

3．程序分析

根据题意，本程序中先输入明明做正确的题目数 n，用 n 求出正确率后，将正确率同 60%（也就是 0.6）比较大小，如果正确率比 0.6 大，就输出"OK"，可以去轮滑。

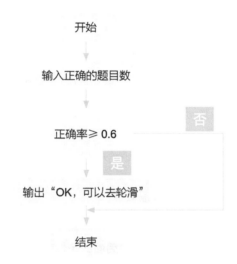

开始

输入正确的题目数

正确率≥0.6　　　否

是

输出"OK，可以去轮滑"

结束

1．正确率

正确率 = 做正确的题目数 ÷ 总的题目数

这里求得的正确率有可能是小数。

2．if 语句

在 C++ 中，有些程序语句是在满足一定条件下才会被执行的，此时就可以使用 if 语句。if 语句的格式及功能如下页。

格式：if（条件表达式）
　　　　语句1；

功能：先判断 if 后面的条件表达式是否成立，如果成立，就会执行语句1；如果不成立，就不执行语句1。

　　如果条件表达式成立，并且要执行的语句不止一条，此时就要借助大括号"{}"把要执行的所有语句括起来，组成一个语句组。

格式：if（条件表达式）
　　　　{
　　　　语句组；
　　　　}

功能：先判断 if 后面的条件表达式是否成立，如果成立，就会执行语句组；如果不成立，就不执行语句组。

求解决

1. 编程实现

文件名　3-1-1.cpp 第 9 课　明明能否去轮滑

```cpp
 1  #include<iostream>
 2  using namespace std;
 3  int main()
 4  {
 5      int n;
 6      cin>>n;                      // 输入做正确的题目数
 7      if(n/30.0>=0.6)              //判断正确率是否大于或等于0.6
 8          cout<<" OK,可以去轮滑";
 9      return 0;
10  }
```

2．程序测试

如果输入 n 的值为 19，则程序的运行结果如下。

OK，可以去轮滑

3．程序解读

本程序的第 7 行语句中，"n/30.0"是正确率的表达式，为什么是 30.0？因为除号"/"两边如果都是整数，则相当于是整除，系统自动抹去计算结果中的小数部分，所以，这里需要让除数和被除数中尽可能有一个不是整数。当然，如果写成"（float）n/30"，将 n 强制转换为浮点类型也是可以的。

4．易犯错误

本程序中易犯的错误是语句的格式问题。注意：第 7 行语句后面是没有分号"；"的！因为在这里选择语句并没有结束，所以不能有分号。

5．程序改进

仔细观察后会发现，条件"n/30.0>=0.6"可以直接化简为"n>=18"（可以理解为做正确的题目数在 18 道以上都是可以的），所以第 7 行语句可以直接修改为"if（n>=18）"。这样既简单又不需要考虑小数的问题。这就是所谓的"程序优化"。同学们以后遇到问题时可以多思考，想想有没有更简单的办法来解决问题。参考代码如下。

```cpp
#include<iostream>
using namespace std;
int main()
{
    int n;
    cin>>n;
    if(n>=18)
        cout<<"OK，可以去轮滑";
    return 0;
}
```

1. 关系运算符

前面程序中出现了一个条件"n>=18"，其中的">="就是关系运算符，用于判断 n 和 18 之间的关系。用关系运算符，C++ 中关系运算符共有 6 种，具体如下表所示。

名称	小于	小于或等于	大于	大于或等于	等于	不等于
符号	<	<=	>	>=	==	!=

注意

"=="这个符号才是判断是否等于，如"7==3"表达式是不成立的，而单个的"="是赋值语句，二者不要混淆。

2. 关系表达式

由关系运算符连接的表达式称为关系表达式，如"s>180""7!=3"等都是关系表达式。关系表达式多作为条件，放在 if 语句后面。其值是一个逻辑值——"真"或"假"。如果条件成立，其值为"真"；如果条件不成立，其值为"假"。在 C++ 中，数值非 0 表示"真"，数值 0 表示"假"。

练武功

1. 改正程序

下面这段程序代码的功能是输入一个成绩 a，判断成绩 a 是否及格，其中有两处错误，快来改正吧！

练习 1

```
1    #include<iostream>
2    using namespace std;
3    int main()
4    {
5        int a;
6        cin>>a;
7        if(a>=60);              ————————❶
8            cout<<及格;         ————————❷
9        return 0;
10   }
```

错误 1：_____

错误 2：_____

2. 阅读程序写结果

练习 2

```
1    #include<iostream>
2    using namespace std;
3    int main()
4    {
5        int a=8,b=6;
6        if(a>b)
7            cout<<a;
8        return 0;
9    }
```

输出：_____

3. 编写程序

编写一个程序，实现输入一个整数，输出这个整数的绝对值。

提示：正数的绝对值是它本身，负数的绝对值是它的相反数。

第 10 课

我来拯救小企鹅
——if-else 语句

读故事

　　4 只小企鹅在河边玩耍，其中一只小企鹅无意间踩到了恶魔留下的陷阱，瞬间变成了一颗金蛋。另外 3 只小企鹅都很着急，不知如何救出小伙伴。这时恶魔现身了，看到苦苦哀求的小企鹅们，恶魔心软了，便留下一个提示：金蛋上有一个数字，只要小企鹅们答对这个数字是奇数还是偶数，就可以救出被困的小伙伴了。

理思路

1. 理解题意

输入一个数字，判断这个数字是奇数还是偶数。

2. 问题思考

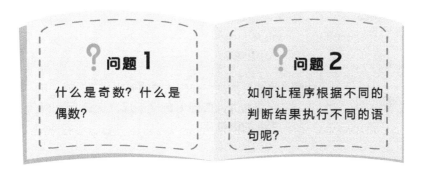

问题 1

什么是奇数？什么是偶数？

问题 2

如何让程序根据不同的判断结果执行不同的语句呢？

3. 程序分析

根据题意，本程序中应先声明一个整数型的变量 n，用来存放要判断的数字。程序流程如下。

● 第 1 步：输入 n。

● 第 2 步：进入判断，根据判断的结果选择执行某个分支语句。

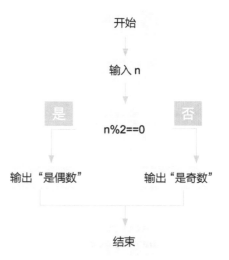

开始

输入 n

是　　　 n%2==0　　　 否

输出"是偶数"　　　　输出"是奇数"

结束

1. else

else 的中文意思是"否则""其他"，在 C++ 语言中，一般跟 if 语句搭配使用，表示 if 条件相反的一种情况。

2. if-else 语句格式

在 C++ 中，若程序语句有 2 个分支，并且这 2 个分支都会被执行，一般这种语句用 if-else 语句表达。if-else 语句的格式如下页。

格式： if（条件表达式）

　　　　语句 1；

　　　else

　　　　语句 2；

功能： 当条件成立，即表达式的值为"真"时，执行语句 1，否则（条件不成立）执行 else 后面的语句 2。

注意

　　如果语句 1 是语句组，则要借助大括号"{}"把要执行的所有语句括起来。

求解决

1. 编程实现

文件名　3-2-1.cpp 第 10 课　我来拯救小企鹅

```cpp
1  #include<iostream>
2  using namespace std;
3  int main()
4  {
5      int n;
6      cin>>n;        //输入待判断的数字
7      if(n%2==0)     //判断n除以2的余数是否为零
8         cout<<"是偶数"; //输出"是偶数"
9      else
10        cout<<"是奇数"; //输出"是奇数"
11     return 0;
12 }
```

2. 程序测试

如果输入的数是"83"，则程序运行结果如下。

是奇数

3. 程序解读

本程序主要是判断一个数是奇数还是偶数，判断的条件就是这个数除以 2 的余数是否等于 0。如果余数等于 0，则为偶数，执行第 8 行语句，输出"是偶数"；否则为奇数，执行第 10 行语句，输出"是奇数"。

4. 易犯错误

编写本程序的过程中，容易犯的错误是第 9 行语句中只有一个 else 就可以了，后面不需要再跟条件。当前面条件不成立的时候，就直接执行 else 后面的语句。注意：else 后面也没有分号"；"！

阅览室

1. 逻辑运算符

关系运算符只能描述单一的条件，如"x>=0"。如果需要描述"x>=0"同时"x<10"，就要借助于逻辑运算符了。C++ 中有 3 种逻辑运算符，如下表所示。

名称	逻辑非	逻辑与	逻辑或
符号	!	&&	||
用法	将后面关系表达式的值取反	要求连接的 2 个关系表达式都成立时，整个表达式才成立	连接的 2 个关系表达式至少有 1 个成立，整个表达式就成立
优先级	高	中	低

2. 逻辑表达式

用逻辑运算符连接的关系表达式称为逻辑表达式，如 (x>=0) && (x<10)、(x<1) || (x>5) 和 ! (x= =0)。

练武功

1. 改正程序

下面这段程序代码的功能是判断一个数字是不是两位数。其中有两处错误，快来改正吧！

```
1    #include<iostream>
2    using namespace std;
3    int main()
4    {
5        int n;
6        cin>>n;
7        if(10<=n<100)  ───────────────  ❶
8            cout<<"是两位数";
9        else;          ───────────────  ❷
10           cout<<"不是两位数";
11       return 0;
12   }
```

错误 1：_____

错误 2：_____

2. 阅读程序写结果

```
1    #include<iostream>
2    using namespace std;
3    int main()
4    {
5        int a;
6        cin>>a;
7        if(a>=0)
8            cout<<a;
9        else;
10           cout<<-a;
11       return 0;
12   }
```

（1）若输入 −88，则输出：_____

（2）若输入 6，则输出：_____

3. 编写程序

编写一个程序，实现输入一个三位数，判断这个三位数是不是回文数。

提示：回文数是指这个数字正着读和倒着读大小都是一样的，如 121、545、222 等都是回文数。

第**11**课

我帮田忌选赛马
——if-else 语句嵌套

扫一扫，看视频

读故事

古时候，齐国的大将田忌跟齐威王赛马，他在 3 种等次的马都不如齐威王的情况下，调换一下马的对战顺序：用下等马对战齐威王的上等马，用上等马对战齐威王的中等马，用中等马对战齐威王的下等马，结果三局两胜，赢得了比赛。现在如果齐威王挑出一匹马出战，按照上述策略，请你帮田忌选一匹马来迎战。

理思路

1. 理解题意

如果把上、中、下 3 种等级的马标记为 1、2、3 号，要使田忌赢得比赛，那么唯一的方案就是，齐威王派出 1 号马，田忌派出 3 号马；齐威王派出 2 号马，田忌派出 1 号马；齐威王派出 3 号马，田忌派出 2 号马。

现在要判断齐威王派出几号马，来确定田忌派出几号马。

2．问题思考

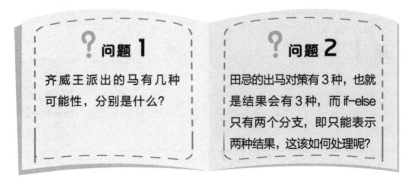

问题 1

齐威王派出的马有几种可能性，分别是什么？

问题 2

田忌的出马对策有3种，也就是结果会有3种，而if-else只有两个分支，即只能表示两种结果，这该如何处理呢？

3．程序分析

用 x 表示齐威王出战的马号，y 表示田忌迎战的马号，根据不同的 x 值来确定 y 的值。程序流程图如下。

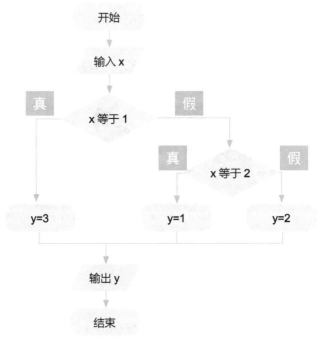

1．if-else 嵌套语句

在 C++ 中，若程序语句有多个分支，并且对应着不同的关联条件，一般这种语句用 if-else 嵌套语句表达。if-else 嵌套语句的格式如下。

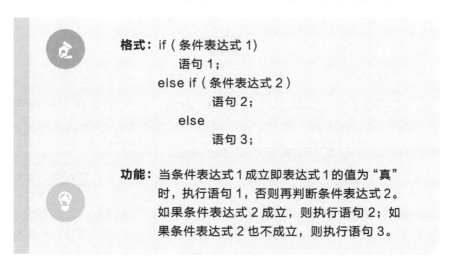

格式： if（条件表达式 1）
　　　　语句 1；
　　else if（条件表达式 2）
　　　　　　语句 2；
　　　　else
　　　　　　语句 3；

功能： 当条件表达式 1 成立即表达式 1 的值为"真"
时，执行语句 1，否则再判断条件表达式 2。
如果条件表达式 2 成立，则执行语句 2；如
果条件表达式 2 也不成立，则执行语句 3。

2. else if

在 C++ 中，else if 的组合使用表示"否则，如果"，意思就是在上一个条件不满足的情况下，再判断 else if 这个条件是否满足，这是嵌套语句常用的手法。

1. 编程实现

文件名 3-3-1.cpp 第 11 课 我帮田忌选赛马

```
1   #include<iostream>
2   using namespace std;
3   int main()
4   {
5       int x,y;
6       cin>>x;
7       if(x==1)          //判断齐威王派出的是否是上等马
8           y=3;
9       else if(x==2)     //如果不是上等马，判断是否是中等马
10              y=1;
11          else          //如果也不是中等马
12              y=2;
13      cout<<y;
14      return 0;
15  }
```

2．程序测试

如果输入 x 的值为 2，则程序运行结果如下。

3．程序解读

在本程序中，出现了两对 if-else 语句，且第 2 个 if-else 语句是嵌套在第 1 个 if-else 语句中的，相当于原本 1 个分支的 else 语句，扩展成了 2 个分支，这就构成了 3 个分支。

4．易犯错误

注意程序中第 9 行语句的 else，它与第 7 行语句的 if 对应，千万不能漏掉，作用是当第 7 行的条件不满足的时候，程序才会执行第 9 ~ 12 行的语句；如若漏掉，则第 9 ~ 12 行语句会自然执行，不受限于第 7 行的条件。

提示：为了增加程序的可读性，便于读者理清 if-else 语句嵌套的关系，在编写程序代码的时候，要注意代码缩进对齐。

1．if-else 语句的嵌套

if-else 语句的嵌套格式，可以嵌套在 else 语句里，也可以嵌套在 if 语句里，如下面的这种嵌套格式也是可以的。最重要的是在编写程序的时候要厘清各分支之间的逻辑关系。

格式： if（条件表达式 1）
　　　　if（条件表达式 2）
　　　　　　语句 1；
　　　　else
　　　　　　语句 2；
　　　　else
　　　　　　语句 3

2. if 语句多分支嵌套格式

if 语句里也可以连续嵌套多个 if-else 语句。人们习惯将这种 if 语句的多分支嵌套结构称为 if-else-if 结构，其格式如下。

格式： if（条件表达式 1）语句 1；
else if(条件表达式 2) 语句 2；
……
else if(条件表达式 n) 语句 n；
else 语句 n+1；

 练武功

1. 改正程序

下面这段程序代码的功能是根据成绩划分等级，即总分为 100 分，60 分以下为不及格，60 ~ 79 分为良好，80 ~ 100 分为优秀。程序中有两处错误，请改正。

练习 1

```
1   #include<iostream>
2   using namespace std;
3   int main()
4   {
5       int n;
6       cin>>n;
7       if(n<=60)          ————————❶
8           cout<<"不及格";
9           if(n<80)       ————————❷
10              cout<<"良好";
11          else
12              cout<<"优秀";
13      return 0;
14  }
```

错误 1：_____

错误 2：_____

2. 阅读程序写结果

```
1   #include<iostream>
2   using namespace std;
3   int main()
4   {
5       int a,b,c;
6       cin>>a>>b>>c;
7       if(a>=b)
8           if(a>=c) cout<<a;
9           else cout<<c;
10      else
11          if(b>=c)cout<<b;
12          else cout<<c;
13      return 0;
14  }
```

输入：45　78　23

输出：_____

3. 编写程序

试编写一个程序，其功能是判断输入的一个年份是否是闰年。

提示：闰年的判断方法：能被 4 整除且不能被 100 整除的年份是闰年，或者能被 400 整除的年份是闰年。

第 **12** 课

我帮妈妈分垃圾
——switch 语句

扫一扫，看视频

读故事

　　明明家楼下有 4 个不一样颜色的垃圾桶，并且用数字做了编号，用于回收不同类型的垃圾。可是明明妈妈总是记不住，总将垃圾投放错误。为了帮助妈妈快速熟悉垃圾的分类，明明设计了一个 C++ 小程序，只需要输入垃圾桶的编号，就能查出应投放的是哪种类型的垃圾。

理思路

1. 理解题意

　　根据题意，输入 1、2、3、4 这 4 个数字中的任意一个，输出不同的结果。例如，输入"2"，就会输出"厨余垃圾"；输入"4"，就会输出"其他垃圾"。因此，程序中需应用选择结构来判断输入的数据，并执行相应的语句命令。

2. 问题思考

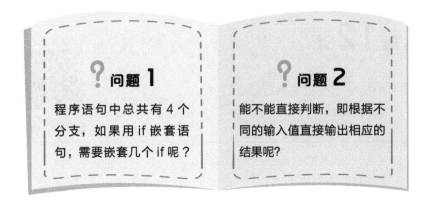

? 问题 1

程序语句中总共有 4 个分支，如果用 if 嵌套语句，需要嵌套几个 if 呢？

? 问题 2

能不能直接判断，即根据不同的输入值直接输出相应的结果呢？

3. 程序分析

根据题意描述，该程序有 4 个分支，如果用 if-else 语句来实现，语句嵌套会比较复杂。这里可结合 switch 语句来设计程序代码。程序设计思路及流程图如下。

● 第 1 步：输入表示垃圾桶编号的数字 a。

● 第 2 步：根据输入 a 的值，依次与每个分支语句后的数值进行比较。

● 第 3 步：当输入的数据值与某一个分支语句中的数值相等时，就执行该分支后面的语句。

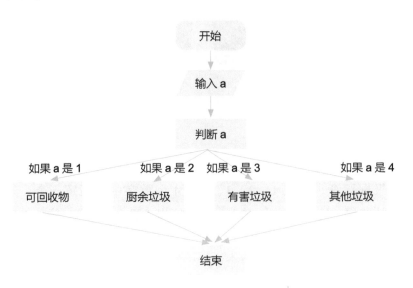

1. break 命令

break 命令的作用是跳出语句结构块。例如，在某个大括号"{}"括起来的语句组中，有 3 条语句，如果第 2 条语句是 break，若执行了 break 语句，程序就会跳出该结构块（就是大括号括起来的这一结构块），第 3 条语句就不会执行了。

2. switch 语句

通过第 11 课的学习，我们知道当用 if 语句处理多个分支时，需要使用 if-else-if 结构，分支越多，嵌套的 if 语句层就越多，这样就会导致程序庞大且不容易阅读和理解。C++ 中提供了一个专门用于处理多分支结构的条件选择语句——switch 语句，也称开关语句，可以方便地实现多层次嵌套的 if-else 逻辑关系。switch 语句的格式如下。

格式： switch（表达式）
{
case 常量表达式 1：语句序列 1；break；
case 常量表达式 2：语句序列 2；break；
......
case 常量表达式 n：语句序列 n；break；
default：语句序列 n+1；
}

功能： 当 switch 表达式的值与 case 子句中常量表达式的值相匹配时，就执行该 case 子句中的语句序列，直到遇到 break 语句为止。如果 switch 表达式的值与所有 case 子句中常量表达式的值都不匹配，就执行 default 中的语句序列。

1. 编程实现

文件名 3-4-1.cpp 第 12 课 我帮妈妈分垃圾

```cpp
1  #include<iostream>
2  using namespace std;
3  int main()
4  {
5    int a;
6    cin>>a;
7    switch(a)                              //a为要匹配的变量
8      {
9      case 1:cout<<"可回收物";break;   //若a的值为1，则执行
10     case 2:cout<<"厨余垃圾";break;   //若a的值为2，则执行
11     case 3:cout<<"有害垃圾";break;   //若a的值为3，则执行
12     case 4:cout<<"其他垃圾";break;   //若a的值为4，则执行
13     default:cout<<"输入有误";        //若上面语句都未执行时，则执行
14     }
15     return 0;
16 }
```

2. 程序测试

如果输入"3"，则程序运行结果如下。

有害垃圾

如果输入"6"，则程序运行结果如下。

输入有误

3. 程序解读

输入的数字 a 有 4 种可能，第 7 行语句中的 switch（a）就是匹配 a 的分流环节，对下面的 case 进行匹配。

第 13 行语句中的 default 表示其他的情况，即如果 switch（a）没有匹配到相应的 case，就会执行该语句。

4. 易犯错误

本程序中，switch(a) 后面不能有分号，也不能有冒号。此外，每个 case 语句后面一定要加上"break；"语句，如果不加，程序将继续执行下一个 case 中的语句序列，而不再判断是否与之匹配，一直执行到最后，即所有不符合 case 的语句也会被执行，最终导致输出结果错误。

1. switch 语句格式特征

在使用 switch 语句时，每个 case 或 default 子句中，可以包含多条语句，但不需要使用大括号 "{}" 括起来。每个 case 后面的语句，可以与冒号写在同一行，也可以写到下一行。当然，default 语句可以不写，若没有匹配到 case 语句，程序就不执行。

2. switch 语句使用规则

（1）switch 语句后面的表达式，其值只能是整型、字符型和布尔型等；

（2）每一个 case 子句中的常量表达式的值必须互不相同，否则就会出现相互矛盾的现象。

1. 改正程序

下面这段程序代码的功能是输入 1 ～ 7 任意一个数字，输出对应的星期的英语单词。例如，输入 "1"，则输出 "Monday"。该程序中有两处错误请尝试改正。

练习 1

```
1   #include<iostream>
2   using namespace std;
3   int main()
4   {
5       int n;
6       cin>>n;
7       switch(n):              ──────── ❶
8       {
9        case 1:cout<<"Monday";      ──── ❷
10       case 2:cout<<"Tuesday";break;
11       case 3:cout<<"Wednesday";break;
12       case 4:cout<<"Thursday";break;
13       case 5:cout<<"Friday";break;
14       case 6:cout<<"Saturday";break;
15       default:cout<<"Sunday";
16      }
17      return 0;
18  }
```

错误 1：_____

错误 2：_____

2. 阅读程序写结果

练习2

```
1   #include<iostream>
2   using namespace std;
3   int main()
4   {
5       int score;
6       cin>>score;
7       switch(score/10):
8       {
9       case 10:cout<<"A";break;
10      case 9:cout<<"A"; break;
11      case 8:cout<<"B";break;
12      case 7:cout<<"C";break;
13      case 6:cout<<"D";break;
14      default:cout<<"E";
15      }
16      return 0;
17  }
```

（1）输入：82

输出：_____

（2）输入：59

输出：_____

3. 编写程序

某淘宝店做店庆促销活动，原价150元的衣服，买1件不打折，买2件打9折，买3件打8折，买4件打7折，买5件及以上打6折。试编写一个程序，要求用switch语句实现，输入购买衣服的件数，计算应付的金额。

第 4 单元

往返重复，循环执行
——for 循环

在前面的单元中，我们学习了顺序结构和选择结构的程序设计，在实际编程中，还需要掌握循环结构的程序设计。C++ 中提供了多种循环结构，本单元就让我们从 for 循环语句开始学习吧！

学习内容

第 13 课

一起来玩绕口令
——输出数字

读故事

波波和皮皮一起玩绕口令游戏：

"1 只青蛙 1 张嘴，2 只眼睛 4 条腿，扑通扑通跳下水。"

"2 只青蛙 2 张嘴，4 只眼睛 8 条腿，扑通扑通跳下水。"

"3 只青蛙 3 张嘴，6 只眼睛 12 条腿，扑通扑通跳下水。"

"4 只青蛙 4 张嘴，8 只眼睛 16 条腿，扑通扑通跳下水。"

"5 只青蛙 5 张嘴，10 只眼睛 20 条腿，扑通扑通跳下水。"

"6 只青蛙 6 张嘴，12 只眼睛 24 条腿，扑通扑通跳下水。"

"7 只青蛙 7 张嘴，14 只眼睛 28 条腿，扑通扑通跳下水。"

"8 只青蛙 8 张嘴，16 只眼睛 32 条腿，扑通扑通跳下水。"

"9 只青蛙 9 张嘴，18 只眼睛 36 条腿，扑通扑通跳下水。"

试编写一个程序，输出以上文字。

1. 理解题意

本题的题意很明确，就是重复输出 9 行文字，每一行的文字又包含了 4 组有规律的数字。用传统的方法，9 个 cout 语句直接输出，没有问题，但是太过繁琐，失去了编程的意义。因此，解决本题需要找到最快捷的方法。

2. 问题思考

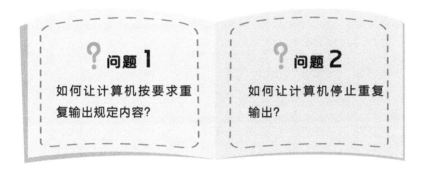

? 问题 1
如何让计算机按要求重复输出规定内容？

? 问题 2
如何让计算机停止重复输出？

3. 算法分析

输出时，运用复制、粘贴的方法，也可以很快地完成。但试想，随着青蛙数量的增加，如果需要重复几百次、几千次或是几万次，不仅仅是增大了工作量，甚至还会在计算的过程中出现错误，是不是只能这样做呢？显然，当循环次数比较多的时候，复制、粘贴的方法就不合适了。

如果计算机能根据需求，不仅能够自动重复输出，并且能自动计算就太好了。由题意可知，游戏能否继续，不仅由表达决定，也由计算结果的正误决定。其中，

青蛙嘴巴的数量 = 青蛙的只数

青蛙眼睛的数量 =2 × 青蛙的只数

青蛙腿的条数 =4 × 青蛙的只数

换句话说，所有数量都是由青蛙的只数决定的，因此，比较合理的算法流程如下页。

开始

i ← 1

i<10

假

真

输出：i 只青蛙 i 张嘴，
2*i 只眼睛 4*i 条腿，
扑通扑通跳下水

i ← i+1

结束

查秘籍

在 C++ 语言中，可以使用 for 循环语句来实现重复执行。对于使循环条件成立的每一个循环变量的取值，都要执行一次循环体。for 循环语句的格式如下。

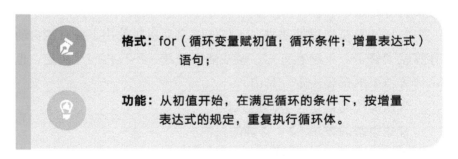

格式： for（循环变量赋初值；循环条件；增量表达式）
语句；

功能： 从初值开始，在满足循环的条件下，按增量表达式的规定，重复执行循环体。

提示："语句；"就是循环体，它可以是一个简单的语句，也可以是一个用大括号"{}"括起来的语句组。

求解决

1. 编程实现

文件名 4-1-1.cpp 第 13 课 一起来玩绕口令

```
1  #include <iostream>
2  using namespace std;
3  int main()
4  {
5      int i;
6      for(i=1;i<10;i++)
7        cout<<i<<"只青蛙"<<i<<"张嘴，"
8            <<2*i<<"只眼睛"<<4*i<<"条腿,"
9            <<"扑通扑通跳下水。"<<endl;
10     return 0;
11     }
```

2. 程序测试

```
1只青蛙1张嘴,2只眼睛4条腿,扑通扑通跳下水。
2只青蛙2张嘴,4只眼睛8条腿,扑通扑通跳下水。
3只青蛙3张嘴,6只眼睛12条腿,扑通扑通跳下水。
4只青蛙4张嘴,8只眼睛16条腿,扑通扑通跳下水。
5只青蛙5张嘴,10只眼睛20条腿,扑通扑通跳下水。
6只青蛙6张嘴,12只眼睛24条腿,扑通扑通跳下水。
7只青蛙7张嘴,14只眼睛28条腿,扑通扑通跳下水。
8只青蛙8张嘴,16只眼睛32条腿,扑通扑通跳下水。
9只青蛙9张嘴,18只眼睛36条腿,扑通扑通跳下水。
```

3. 程序解读

本程序第 5 行语句中，变量 i 表示青蛙的只数。第 6 行语句中，括号内用分号隔开的 3 条语句分别表示 i 从 1 开始取值，一直取到 9，每次取值时，i 的值都会自加 1；第 7、8、9 行语句，表示需要程序重复执行的内容。

4. 易犯错误

for 循环语句括号内的 3 个条件（初值、循环条件、增量），必须以分号隔开，且 for 整条语句结束后，没有分号。for 循环中的变量可以是一个，也可以是多个。

1. for 循环语句的执行过程

for 循环语句是 C++ 语言中的一种循环语句。循环语句一般由循环体和循环的判定条件两部分组成。其执行过程如下。

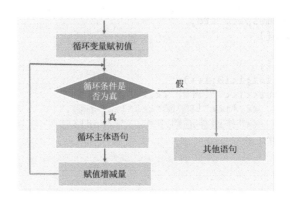

2. for 循环语句的条件省略

for 循环语句中的"循环变量赋初值""循环条件""增量表达式"都是选择项,即可以默认成只剩有";"的空语句。

如将 4-1-1 中的"循环条件"选项省略,第 6、7 行语句改写为

```
for(i=1;;i++)
    cout<<i<<"只青蛙"<<i<<"张嘴";
```

运行程序后,会不停地输出"1 只青蛙 1 张嘴""2 只青蛙 2 张嘴""3 只青蛙 3 张嘴"……直到溢出。

如将 4-1-1 中的"增量表达式"选项省略,第 6、7 行语句改写为

```
for(i=1;i<10;)
    cout<<i<<"只青蛙"<<i<<"张嘴";
```

运行程序后,会不停地输出"1 只青蛙 1 张嘴"语句,永不停止。

练武功

1. 改正程序

下面这段程序代码用来输出 5 个"*",其中有 2 处错误,快

来改正吧！

练习 1

```
1  #include<iostream>
2  using namespace std;
3  int main()
4  {
5      int i;
6      for(i=1,i<=5,i++)———————❶ ❷
7        cout<<'*';
8      return 0;
9  }
```

错误 1：_____

错误 2：_____

2. 阅读程序写结果

练习 2

```
1  #include<iostream>
2  using namespace std;
3  int main()
4  {
5      int i;
6      for(i=1;i<=10;i++)
7      cout<<i<<endl;
8  }
```

输出：_____

3. 完善程序

下面这段程序代码的功能是计算 10 以内的所有偶数的和并输出。请补充缺失的语句，使程序完整。

练习 3

```
1  #include<iostream>
2  using namespace std;
3  int main()
4  {
5      int i,s=0;
6      for(i=2; _____)
7        _____
8      cout<<"s="<<s<<endl;
9  }
```

第 **14** 课

皮皮的存钱计划
——累加求和

扫一扫，看视频

读故事

爷爷的七十大寿就要到了，皮皮想给爷爷购买一台按摩器作为生日礼物。为此，他给自己制定了一个 50 天存钱计划，每天坚持存一笔钱：第 1 天存 1 元，第 2 天存 2 元，第 3 天存 3 元，…，第 50 天存 50 元。试通过编程，让计算机快速算出 50 天后，皮皮能攒下多少元？

理思路

1. 理解题意

本题是求 1 ～ 50 所有整数的和，即求 1+2+3+…+50 的和。如果直接累加就非常麻烦，可以使用 for 循环语句，令变量 sum 作为存放结果的累加器，sum=sum+i 作为循环体，循环变量 i 的增量是每次递增 1。

2. 问题思考

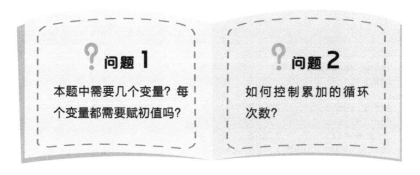

问题 1
本题中需要几个变量？每个变量都需要赋初值吗？

问题 2
如何控制累加的循环次数？

3. 算法分析

在 C++ 中，人们习惯把具有累加功能的变量称为累加器。本程序中，用变量 sum 作为求和的累加器，其初值赋为 0，运用循环让 sum 依次加上 1，2，…，50，最终求出它们的和。程序流程图如下。

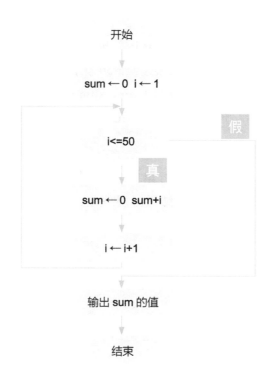

开始

sum ← 0 i ← 1

i<=50

假

真

sum ← 0 sum+i

i ← i+1

输出 sum 的值

结束

1. 编程实现

文件名 4-2-1.cpp 第 14 课 皮皮的存钱计划

```cpp
1  #include <iostream>
2  using namespace std;
3  int main()
4  {
5     int i,sum=0;         //sum为累加器，并赋初值0，即将累加器sum清零处理
6     for(i=1;i<=50;i++)//控制循环次数
7        sum+=i;          //累加
8     cout<<"sum="<<sum;//输出sum的值
9     return 0;
10 }
```

2. 程序测试

程序运行结果如下。

```
sum=1275
```

3. 程序解读

本程序中，第 7 行语句 "sum+=i；" 也可以写成 "sum=sum+i；"。第 6、7 行语句表示程序反复累加 50 次，即执行 sum ← 0+1，sum ← 0+1+2，sum ← 0+1+2+3，…，sum ← 0+1+2+3+…+50，当 50 次累加结束后，通过第 8 行的 cout 语句输出结果。

4. 易犯错误

变量 sum 是累加器，进行累加之前，一定不能忘了赋初值 0，从而避免程序多次运行后，结果出现偏差。

1. 修改程序

下面这段程序代码的功能是输出 1 ~ 10 所有偶数的和，其中

有 2 处错误，快来改正吧！

练习 1

```
1    #include <iostream>
2    using namespace std;
3    int main()
4    {
5    int i,sum;                        ❶
6    for(i=2;i<=10;i++)                ❷
7        sum+=i;
8    cout<<"sum="<<sum;
9    return 0;
10   }
```

错误 1：_____

错误 2：_____

2. 阅读程序写结果

练习 2

```
1    #include <iostream>
2    using namespace std;
3    int main()
4    {
5    int i,sum=0;
6    for(i=1;i<5;i++)
7        sum+=i*i;
8    cout<<sum<<endl;
9    return 0;
10   }
```

输出：_____

3. 完善程序

下面这段程序代码用来计算 12+22+32+…+1002 的和，请在横线上填写缺少的语句，使程序完整。

```
1   #include <iostream>
2   using namespace std;
3   int main()
4   {
5   int i,s=0;
6   for(i=12;i<=1002;_____)
7       _____
8   cout<<s;
9   return 0;
10  }
```

4. 编写程序

试编写一个程序，求 $1 \times 2 + 2 \times 3 + 3 \times 4 + 4 \times 5 + \cdots + 100 \times 101$ 的和。

第 15 课

数字王国的争论
——奇数／偶数求和

扫一扫，看视频

读故事

　　近日，数字王国闹得不可开交。奇数和偶数开展了一场激烈的辩论大战——到底谁比较强大？奇数说：“我们所有奇数加起来，一定大于你们偶数！”偶数不服气，“我们偶数家族才是最强大的！”……双方争论不休，于是一起找数字国王评理。国王说：“这简单，你们把 100 以内的数字儿童团拉出来比比看就知道了”。试编写程序，计算 100 以内所有奇数的和、所有偶数的和。

理思路

1. 理解题意

　　100 以内的偶数和奇数各有 50 个，本题要求计算机将 50 个偶数进行累加，再将 50 个奇数进行累加，然后输出 2 个累加器的结果。

2. 问题思考

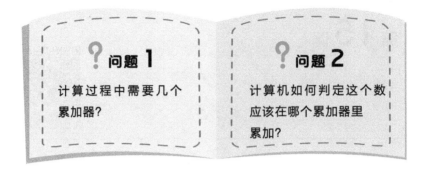

问题 1
计算过程中需要几个累加器?

问题 2
计算机如何判定这个数应该在哪个累加器里累加?

3. 程序分析

根据题意,本题可以用循环语句枚举出 1~100 所有的数,然后判断每个数,如果是奇数,就累加到变量 sum1 中;如果是偶数,就累加到变量 sum2 中。当枚举到 100 以后,输出结果。其程序流程如右。

在 for 循环结构中,有时需要重复执行的语句不止一条,此时就需要用大括号"{ }"将循环体内的语句括起来,表示执行整个循环体。

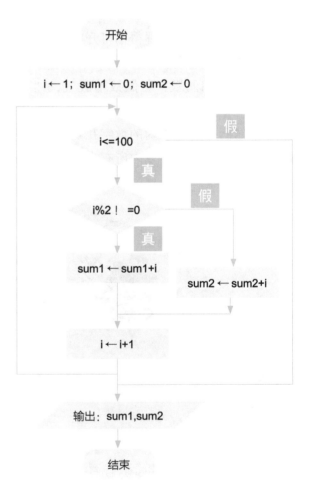

开始

i←1; sum1←0; sum2←0

i<=100   假

真

i%2！=0   假

真

sum1←sum1+i

sum2←sum2+i

i←i+1

输出: sum1,sum2

结束

格式: for（循环变量赋初值；循环条件；循环变量增
量表达式）
{
语句 1；
语句 2；
……
}

功能: 从初值开始，在满足循环的条件下，按增量表
达式的规定，重复执行花括号内的所有语句。

1. 编程实现

文件名 4-3-1.cpp 第 15 课 数字王国的争论

```
1   #include<iostream>
2   using namespace std;
3   int main()
4   {
5       int i,sum1=0,sum2=0;
6       for(i=1;i<=100;i++)
7       {
8          if (i%2!=0)  sum1+=i;
9          else   sum2+=i;
10      }
11      cout<<"sum1="<<sum1<<endl;
12      cout<<"sum2="<<sum2;
13      return 0;
14  }
```

2. 程序测试

程序运行结果如下。

```
sum1=2500
sum2=2550
```

由程序运行结果可知，奇数之和是 2500，偶数之和是 2550。

3. 程序解读

本程序的第 5 行语句中，变量 sum1 表示奇数的累加器，变量 sum2 表示偶数的累加器，当循环条件不再满足时，执行第 11 行语句，输出累加结果。

4. 易犯错误

表示累加器的变量进行累加前，一定不能忘了赋初值。本程序的第 7 行 ~ 第 10 行语句，是 for 循环结构要执行的循环体，必须用大括号括上，作用是重复进行判断并累加。

1. for 语句执行过程

for 语句的执行过程可划分为 4 步。

第 1 步：执行"循环变量赋初值语句"，使控制变量获得一个初值。

第 2 步：判断循环变量是否满足循环条件，若满足循环条件，则执行一遍循环体，否则结束整个 for 语句，继续执行 for 循环结构下面的语句。

第 3 步：根据循环变量增量表达式，计算控制变量所得到的新值。

第 4 步：自动转到第 2 步。

2. for 循环增量

for 循环增量表达式是用于计算循环变量改变的语句。例如，将控制变量从 1 变到 100，增量为 1，可以写成"for(i=1；i<=100；i++)"。将控制变量从 100 变到 1，增量为 – 1，可以写成"for(i=100；i>=1；i--)"。将控制变量从 7 变到 77，增量为 7，可以写成"for(i=7；i<=77；i+=7)"。

1. 修改程序

下面这段程序代码的功能是输入 n 个数，求出其中的最大值。该程序中有 2 处错误，快来改正吧！

练习 1

```
 1  #include <iostream>
 2  using namespace std;
 3  int main()
 4  {
 5  int i,n;
 6  float x,max;————————————①
 7  cin>>n;
 8  for(i=1;i<=n;i++)
 9     cin>>x;
10     if (x>max) max=x; ————————②
11  cout<<max;
12  return 0;
13  }
```

错误 1：_____

错误 2：_____

2. 阅读程序写结果

练习 2

```
 1  #include<iostream>
 2  using namespace std;
 3  int main()
 4  {
 5     long long i,ans=20;
 6     i=2;
 7     for(;i<ans;)
 8     { ans-=i;
 9       i+=3;
10     }
11     cout<<"i="<<i<<"  "<<"ans="<<ans<<endl;
12     return 0;
13  }
```

输出：_____

3. 完善程序

下面这段程序代码是实现输入一个数，输出小于或等于这个数的所有的 3 的倍数。请在横线上填写缺少的语句，使程序完整。

练习 3

```
1   #include<iostream>
2   using namespace std;
3   int main()
4   {
5       int i,n;
6       cin>>n;
7       for(i=n;i>1;____)
8       { if _____
9           cout<<i<<" ";    }
10      return 0;
11  }
```

4. 编写程序

皮皮发现斐波那契数列是一个非常有趣的数列，数列的第 1 项和第 2 项分别是 0 和 1，从第 3 项开始，每一项是其前面两项之和，即 0，1，1，2，3，5，8，13，…，请编写一个程序，输出该数列的前 30 项，要求每输出 5 项换一新行，每 2 个数之间用空格分隔。

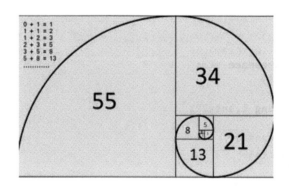

第 **16** 课

创意图形我会画
——for 循环嵌套格式

扫一扫，看视频

读故事

　　七巧板是一种古老的中国传统智力玩具，它是由 5 块等腰直角三角形、1 块正方形和 1 块平行四边形组成的。利用七巧板可拼成 1600 种以上的图形。例如，人物、动物、桥、房子、塔等。试编写一个程序，输出七巧板中的直角三角形形状。

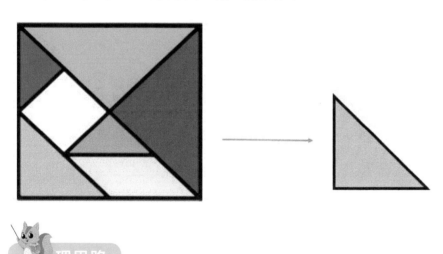

理思路

1. 理解题意

　　在前面的单元中，我们已经学习过如何用 cout 语句输出 "*" 符号组成的图形，这种直接输出的方法虽然简单，但不灵活，因为一方面需要手动对齐"*"符号，这容易出现偏差；另一方面，不能按需求随时改变图形的大小。本题中，假设直角三角形是由"*"符号组成的，让程序通过两层循环，即一层循环控制输出多少行，另一层循环控制每行输出多少列"*"符号，从而输出直角三角形形状。

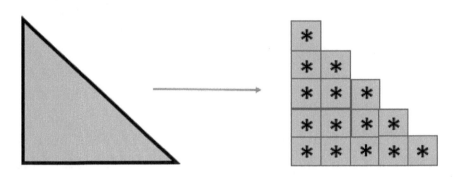

2. 问题思考

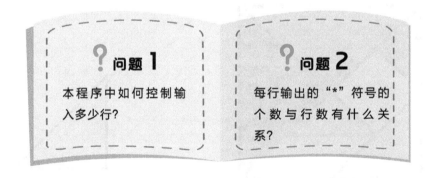

？问题 1

本程序中如何控制输入多少行？

？问题 2

每行输出的"*"符号的个数与行数有什么关系？

3. 程序分析

输出图形总是逐行逐列进行的。对于本题，要重复 n 行操作，而每一行，又要重复若干次输出"*"符号的操作，于是构成了一个两层循环，外层循环是 1 ～ n 行的处理，而内层循环则是输出同一行上的每一列。仔细观察后不难发现，每一行上"*"符号的个数恰是行数。因此，用变量 i 表示行数，对于第 i 行，内层循环可以设置重复 i 次。本程序流程如下。

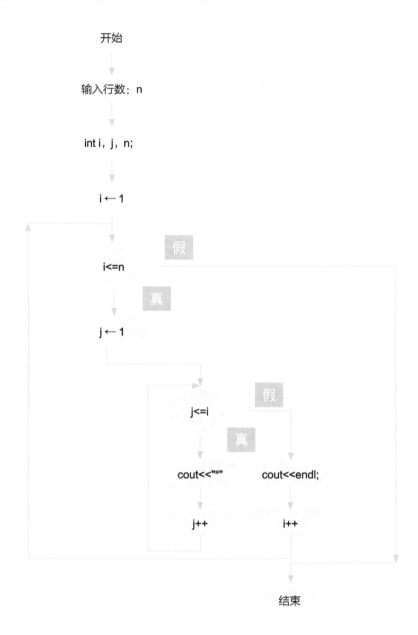

 求解决

1. 编程实现

文件名 4-4-1.cpp 第16课 创意图形我会画

```cpp
1  #include<iostream>
2  using namespace std;
3  int main()
4  {
5      int i,j,n;
6      cin>>n;                  //输入行数
7      for(i=1;i<=n;i++)       //外层循环，控制行数
8      {
9          for(j=1;j<=i;j++)   //内层循环，控制每行上的"*"符号个数
10             cout<<"*";
11         cout<<endl;
12     }
13     return 0;
14 }
```

2. 程序测试

如果输入的 n 为 5，则程序的运行结果如右。

3. 程序解读

本程序中的 3 个变量，其中 n 表示需要输入的行数，i 用于控制行数，j 用于控制 "*" 符号的个数。所以从第 7 行语句中可以看出，输出的行数最大不能超过 n。而第 9 行语句中，从第 1 行一个 "*" 符号开始输出，最多不能超过行数，因此，循环的终止条件是 j<=i。第 8 行至第 12 行语句是外层循环要执行的一个完整的循环体，而第 10 行语句是内层循环要执行的循环体。

4. 易犯错误

本程序中，第 8 行到第 12 行语句是在行数可控的前提下执行的复合语句，第 8 行、第 12 行语句中的大括号不能省略。如果省略，则应写成如下形式：

```cpp
for（i=1；i<=n；i++）
    for（j=1；j<=i；j++）
        cout<<"*";
cout<<endl;
```

运行程序后，会在一行输出所有"*"符号后，再执行换行语句。

练武功

1. 修改程序

下面这段程序代码用于输出如下图形。其中有 2 处错误，快来改正吧!

练习1

```
1   #include<iostream>
2   using namespace std;
3   int main()
4   {
5       int i,j;
6       for(i=1;i<=4;i++)
7       _____  ❶
8         for(j=5-i;j>0;j--)
9           cout<<"*";
10        cout<<endl;
11      _____  ❷
12      return 0;
13  }
```

```
****
***
**
*
```

错误 1:_____

错误 2:_____

2. 阅读程序写结果

练习2

```
1   #include <iostream>
2   using namespace std;
3   int main()
4   {
5       int n;
6       cin>>n;
7       for(int i=1;i<=n;i++)
8       {
9         for(int j=n-i;j>0;j--)
10          cout<<" ";
11        for(int k=1;k<=2*i-1;k++)
12          cout<<"*";
13        cout<<endl;
14      }
15      return 0;
16  }
```

输入：4

输出：_____

3．完善程序

下面这段程序代码用于输出如下图形，请在横线上填写缺少的语句，使程序完整。

练习3

```
1    #include<iostream>
2    using namespace std;
3    int main(){
4        int i=0,j=0;
5        for(i=1;i<=5;i++)        //控制行数
6        {
7            for(j=1;_____;j++){
8                cout<<" ";
9            }
10           for(j=1; _____;j++){
11               cout<<"*";
12           }
13           cout<<endl;
14       }
15   }
```

4．编写程序

试编写一个程序，实现输出如下菱形。

第 5 单元

先立后破，不立不破
——while 循环

"先立后破，不立不破"，常指在学习或生活中遇到问题时，如果还没找到更优的问题解决方法，就不要急于废除先前的方法，即在没有"立"住之前，不要急于"破"，只有"立"得住，才能"破"得好。

而在 while 循环语句中，只有当表达式的条件成立时，循环体才被执行。若条件表达式开始就不成立，则一次循环体也不执行。所以 while 循环又称为"当型"循环。其特点是先判断，后执行，即先判断条件表达式是否成立，后决定是否执行循环体。

学习内容

第 17 课

舒克贝塔献爱心
——while 语句

读故事

　　小老鼠舒克和贝塔在皮皮鲁的帮助下，创立了舒克贝塔航空公司。它们经常开着飞机和坦克帮助小动物，但强盗总是三番五次来捣乱，机智、勇敢的舒克和贝塔最终战胜了强盗，让小动物们都过上了快乐平静的生活。

　　但舒克和贝塔发现，还有一些老弱病残的小动物们需要帮助。于是，它们打算从今年 1 月开始存款，帮助这些老弱病残的小动物。假如 1 月存入 1 元，2 月存入 2 元，3 月存入 3 元……依次类推，请编写程序，计算需要经过多少个月，舒克和贝塔才能让存入的钱刚好多于 300 元呢？

理思路

　　1. 理解题意

　　通过题目可知，1 月存入 1 元，2 月存入 2 元……如果该题要求计算两年一共存多少钱就很易计算出结果了。因为一年是 12 个月，两年就是 24 个月，那么只要计算出 1+2+3+…+24 的和即可。而本题是计算要经过多少个月，才能让存入的钱刚好多于 300 元，即求 n 的值。因此，建议使用 while 循环，当 s<=300 时，执行循环体语句，计算 n 的值。

2. 问题思考

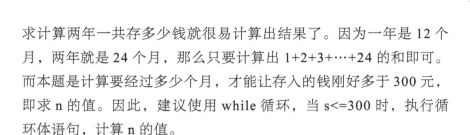

？问题 1
本题执行循环的条件是 s<=300 还是 s>300？为什么？

？问题 2
循环体语句中，如果将语句 n++ 和 s=s+n 调换位置，结果是否有变化，为什么？

3. 程序分析

本题中，存款数 s、月数 n 的初始值均为 0，即 s=0，n=0，先判断 s 是否小于等于 300，如果条件成立，就执行循环体。程序流程图如右。

1. 英汉字典

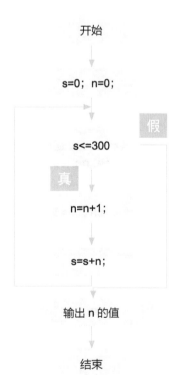

开始

s=0；n=0；

s<=300

假

真

n=n+1；

s=s+n；

输出 n 的值

结束

while	[waɪl]	当……时候
true	[tru:]	代表"真"，正确的
false	[fɔ:ls]	代表"假"，错误的

2. while 语句

while 语句有两种格式，一种是循环体只由一条语句构成，另一种是循环体由多条语句构成。当循环体由多条语句构成时，应用一对大括号"{ }"括起来，构成一个语句块的形式。while 语句的语法格式如下。

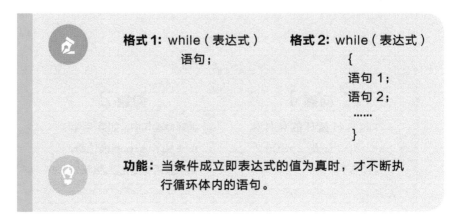

格式 1: while（表达式）
语句；

格式 2: while（表达式）
{
语句 1；
语句 2；
······
}

功能: 当条件成立即表达式的值为真时，才不断执行循环体内的语句。

求解决

1. 编程实现

文件名 5-1-1.cpp 第 17 课 舒克贝塔献爱心

```cpp
1  #include<iostream>
2  using namespace std;
3  int main()
4  {
5      int n=0,s=0;
6      while(s<=300)
7      {
8          n++;
9          s=s+n;
10     }
11     cout<<"n="<<n;
12 }
```

2. 程序测试

程序运行结果如下。

```
n=25
```

3. 程序解读

本程序中 s 和 n 的初始值都为 0，即满足条件 s<=300 时，执行循环体，先执行 n++，使 n=1，再进行 s=s+n 累加，因此，程序运行结果是正确的。

4. 易犯错误

本程序第 6 行中，如果将循环条件改为 s>300，根据 while 语句的特点，先判断条件再执行循环体。因初始值 s=0，所以 s>300 条件是不成立，本程序一次循环体也不执行，运行结果 n=0。而如果将循环体中的语句 n++ 和 s=s+n 调换位置，输出 n 的值是 26 而不是 25，因为在满足条件后，又多执行了一次 n++ 语句，所以输出 n 的结果发生了变化。

5. 拓展应用

while 语句一般用于循环次数未知的情况下，例如，对于给定的自然数 n，求使 1+2+3+4+5+…+i>=n 成立的最小 i 值。其程序代码如下。

```cpp
#include<iostream>
using namespace std;
int main()
{
    int i=1,n,s=0;
    cin>>n;
    while(s<n)          //当 s 小于 n 时，才执行循环
    {
        s=s+i;
        i++;
    }
    cout<<i-1<<endl;  //i 多加了 1 次，还要减去 1
}
```

1. while 语句执行过程

while 语句的执行过程如右图所示。如果条件表达式的值为真，即条件成立，就不断执行循环体内的语句；否则跳出循环，执行循环体后面的语句。

2. while 语句特点

先判断条件表达式的值是否为真，然后执行语句。如果条件表达式的值开始就为假，则一次循环体语句也不执行，直接跳出循环。

1. 修改程序

下面这段代码用于输出 1 ~ 100 之间的偶数，其中有两处错误，快来改正吧!

练习 1

```
1   #include<iostream>
2   using namespace std;
3   int main()
4   {
5       int i=1;
6       while(i<=100);_____❶
7       {
8       if(i%2=0)_____❷
9       cout<<i<<" ";
10      i++;
11      }
12  }
```

错误 1：_____

错误 2：_____

2. 阅读程序写结果

练习2

```
1  #include<iostream>
2  using namespace std;
3  int main()
4  {
5      int i=6;
6      while(i<=6)
7      {
8      cout<<2*i<<" ";
9      i++;
10     }
11 }
```

输出：_____

3. 编写程序

编写一个程序，其功能：对于任意输入的一个不大于 30000 的整数，计算各个数位上的数字之和并输出。

输入数据 1：3412

输出数据 1：10

输入数据 2：10

输出数据 2：1

4. 完善程序

下面程序的功能是计算 5+10+15+…+100 的和并输出，请完善此程序。

练习3

```
1  #include<iostream>
2  using namespace std;
3  int main()
4  {
5      int i=5,s=0;
6      while(i<=100)
7      {
8      _____;
9      _____;
10     }
11     cout<<"s="<<s;
12 }
```

第18课

我帮老师剪长绳
——递归调用语句

扫一扫，看视频

读故事

　　体育课上，王老师拿出两根长度分别为 15m 和 6m 的绳子，他想把这两根绳子剪成同样长度的短绳，用来做跳绳。为了避免浪费，要求裁剪绳子的时候不允许有剩余。王老师想到了学习编程的你，想请你编写一个程序，快速计算出所剪的每段绳子最长为几米。

理思路

1. 理解题意

要把两根绳子剪成同样长度的小段，并且在不允许有剩余的情

106

况下令所剪的每段绳子最长，这个问题可以转化为小学数学中求两
个整数 15 和 6 的最大公约数问题。

2．问题思考

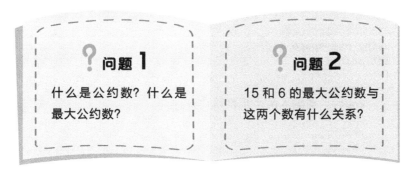

❓**问题1**

什么是公约数？什么是
最大公约数？

❓**问题2**

15 和 6 的最大公约数与
这两个数有什么关系？

3．程序分析

假设两根绳子的长度分别用 a 和 b
表示，则采用辗转相除法求最大公约数
的步骤如下。

● 第 1 步：求 a 除以 b 的余数 r。

● 第 2 步：当余数 r 等于 0 时，则
b 为最大公约数，输出 b，结束循环。

● 第 3 步：当余数 r 不等于 0 时，
将 b 的值赋给 a，r 的值赋给 b，再求 a
除以 b 的余数 r。然后转到第二步进行
判断，形成循环判断。其程序流程图
如右。

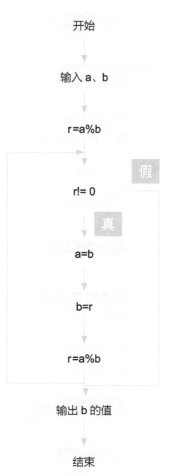

开始

输入 a、b

r=a%b

假

r!= 0

真

a=b

b=r

r=a%b

输出 b 的值

结束

1. 编程实现

文件名 5-2-1.cpp 第18课 我帮老师剪长绳

```cpp
1  #include<iostream>
2  using namespace std;
3  int main()
4  {
5      int m,n,r;
6      cout<<"请输入两个正整数:";
7      cin>>m>>n;
8      r=m%n;
9      while(r!=0)
10     {
11         m=n;
12         n=r;
13         r=m%n; //递归调用
14     }
15     cout<<"最大公约数为:"<<n;
16 }
```

2. 程序测试

程序运行结果如下。

```
请输入两个正整数:15 6
最大公约数为:3
```

3. 程序解读

公约数也称公因数或公因子。它是几个整数同时均能整除的整数。如果一个整数同时是几个整数的约数,称这个整数为它们的公约数。公约数中最大的一个称为最大公约数。例如,12、16 的公约数有 1、2、4,其中最大的一个是 4,4 就是 12 和 16 的最大公约数。

4. 易犯错误

在采用辗转相除法求最大公约数时,当余数 r 不等于 0 时,将 b 的值赋给 a,r 的值赋给 b,再求 a 除以 b 的余数 r,此时赋值语句不能写错,如果写成 b=a;和 r=b;,如当输入 6 和 15 时,输出的最大公约数是 6，而不是 3，显然程序结果就出错了。

```
请输入两个正整数:6 15
最大公约数为:6
```

5．拓展应用

如果要求计算出两个自然数的最小公倍数，该如何编程实现呢？自己试着编写程序，计算 15 和 6 的最小公倍数（提示：两个自然数相乘的积除以这两个自然数的最大公约数）。

程序代码如下。

```cpp
#include<iostream>
using namespace std;
int main()
{
    int a,b,r,p;
    cout<<"请输入两个正整数:";
    cin>>a>>b;
    p=a*b;                    //求两个正整数积
    r=a%b;                    //求两个正整数的余数
    while(r!=0)
    {
      a=b;
      b=r;
      r=a%b;
    }
    cout<<"最小公倍数为:"<<p/b; //积除以余数
}
```

阅览室

1．while 语句执行过程

while 语句的执行过程如下。

（1）计算作为循环控制条件表达式的值。

（2）若循环控制条件表达式的值为真，则执行循环体，否则离开循环，结束整个 while 语句的执行。

（3）循环体的所有语句执行结束后，自动转向第（1）步执行。

2．while 语句中的复合语句

当 while 语句的循环体由多条语句组成时，必须将多条语句用大括号"｛｝"括起来，组成一个复合语句，如｛sum=sum+i; i++;｝此外，循环体中应有使循环趋于结束的语句，如 i++，否则构成死循环。

 练武功

1．上机实践

计算下列各组整数的最大公约数并上机验证。

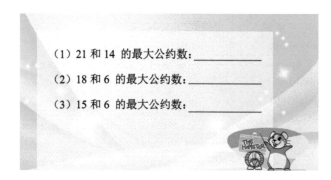

（1）21 和 14 的最大公约数：_____

（2）18 和 6 的最大公约数：_____

（3）15 和 6 的最大公约数：_____

2．阅读程序写结果

练习 1

```cpp
1   #include<iostream>
2   using namespace std;
3   int main()
4   {
5       int n,s=0;
6       cin>>n;
7       while(n)
8       {
9         s=s*10+n%10;
10        n=n/10;
11       }
12      cout<<s<<endl;
13  }
```

110

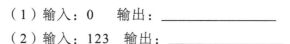

（1）输入：0　　输出：_____

（2）输入：123　输出：_____

（3）输入：1234567890　输出：_____

3. 修改程序

下面这段代码用于计算两个正整数的最小公倍数。其中有两处错误，快来改正吧！

练习 2

```
1    #include<iostream>
2    using namespace std;
3    int main()
4    {
5        int m,n,r,p;
6        cout<<"请输入两个正整数:";
7        cin>>m>>n;
8        p=m*n;
9        r=m/n;                          ❶
10       while(r!=0);                    ❷
11       {
12          m=n;
13          n=r;
14          r=m%n;
15       }
16       cout<<"最小公倍数为:"<<p/n;
17   }
```

错误 1：_____

错误 2：_____

4. 编写程序

五年级（1）班有 35 个小朋友，五年级（2）班有 42 个小朋友。现在按班级再分成不同的小组，要求所分的小组人数一样多。请编写程序，计算每小组最多有几个小朋友。

111

小学生 C++ 创意编程

第19课

小猪智斗大灰狼
——continue 语句

扫一扫，看视频

读故事

　　有一天，大灰狼又抢走了小猪的食物，小猪想夺回粮食，便偷偷潜入了大灰狼的城堡，但不幸的是被大灰狼发现了。小猪心想，我怎么才能既夺回食物又安全逃脱呢？于是，聪明的小猪准备智斗大灰狼，它打算和大灰狼玩一个报数游戏，通过游戏的胜负决定食物的归属。游戏规则是这样的：

小猪和大灰狼从 1 开始轮流报数，报到 20 结束。当逢 3 的倍数或者尾数是 3 时，则不报数，改为喊"过"。如果谁报错了，谁就输了，食物就归属为赢的一方。试编写程序，模拟 1 ~ 20 报数游戏。

理思路

1. 理解题意

　　本例是用循环语句输出所规定的数字，在输出数字前，要判断每个数是不是 3 的倍数或者尾数是 3，若是，则输出"过"；若不是，就输出这个数字。

2．问题思考

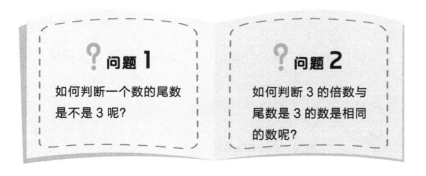

问题 1

如何判断一个数的尾数
是不是 3 呢？

问题 2

如何判断 3 的倍数与
尾数是 3 的数是相同
的数呢？

3．程序分析

本例要判断一个数是不是 3 的倍数或者尾数是 3，可以使用条件
表达式判断 n%3==0 或 n%10==3 即可，其程序流程图如下。

查秘籍

1. 英汉字典

continue   [kən'tɪnjuː]   继续；结束本次循环

2. continue 语句

格式： continue；

功能： 结束本次循环，立即进行下一次的循环条件判定，而不终止整个循环的执行。

求解决

1. 编程实现

文件名 5-3-1.cpp 第 19 课 小猪智斗大灰狼

```
1  #include<iostream>
2  using namespace std;
3  int main()
4  {
5      int n=0;
6    while(n<=19)
7     {
8      n++;
9     if(n%3==0||n%10==3) //判断能否被3整除或尾数是否是3
10    {
11     cout<<"过"<<" ";      //如果能被3整除或尾数是3，则输出"过"
12     continue;             //结束本次循环
13
14    }
15     cout<<n<<" ";
16    }
17     return 0;
18  }
```

2. 程序测试

程序运行结果如下页。

```
1 2 过 4 5 过 7 8 过 10 11 过 过 14 过 16 17 过 19 20
```

3. 程序解读

本程序中，continue 语句的作用是提前结束本次循环，跳过循环体中下面尚未执行的 cout<<i 语句，进行下一次是否执行循环的判定。如果将第 12 行中的 continue 语句直接改写成 break 语句，程序的运行结果会是怎样的呢？

文件名　5-3-2.cpp　第 19 课　小猪智斗灰太狼

```cpp
1   #include<iostream>
2   using namespace std;
3   int main()
4   {
5       int n=0;
6     while(n<=19)
7       {
8        n++;
9       if(n%3==0||n%10==3) //判断能否被3整除或尾数是否是3
10      {
11       cout<<"过"<<" ";      //如果能被3整除或尾数是3，则输出"过"
12       break;                //结束整个循环
13      }
14       cout<<n<<" ";
15      }
16      return 0;
17  }
```

---

break 语句的作用是直接结束整个循环，这样程序输出的结果不仅跳过了 3，还跳过 3 之后的所有数字。

新程序的运行结果如下。

```
1 2 过
```

4. 易犯错误

要判断一个数是不是 3 的倍数或者尾数是 3，可以使用条件表达式 n%3==0 或 n%10==3 判断，不能只用 n%3==0 判断。另外，n++ 语句是在 cout<<n 语句之前，所以 n<=19，而不是 n<=20。

5. 程序改进

如果使用 for 语句，则程序结构更清楚，程序代码如下页所示。

```
#include<iostream>
using namespace std;
int main()
{
    int n;
  for(n=1;n<=20;n++)
    {
    if(n%3==0||n%10==3)       //判断一个数是不是 3 的倍数或者尾数是 3
    {
     cout<<"过"<<" ";
     continue;
    }
    cout<<n<<" ";
    }
    return 0;
}
```

6．拓展应用

在使用循环语句解决问题时，当需要提前结束本次循环时，可以使用 continue 语句来提前结束本次循环。例如，输出 1 ~ 10 之间的奇数，相邻的 2 个数之间用逗号隔开。当遇到偶数时，提前结束本次循环，跳过输出语句。程序代码如下。

```
#include<iostream>
using namespace std;
int main()
{
    int m,i,k;
    for(i=10;i>=1;i--)
    {
    if(i%2==0) continue;      // 提前结束本次循环，跳过输出语句
    cout<<i;
    if(i==1) continue;
    cout<<",";
    }
    return 0;
}
```

1. continue 语句功能

continue 语句的作用是结束本次循环，即跳过循环体中下面尚未执行的语句，接着进行下一次是否执行循环的判定。

2. continue 语句用法

continue 语句只能用在 for、while、do-while 等循环体中，与 if 条件语句一起使用，用于加速循环、提高循环的执行效率。

1. 阅读程序写结果

练习 1

```
1   #include<iostream>
2   using namespace std;
3   int main()
4   {
5       int i;
6       i=0;
7       while(i<20)
8       {
9       i++;
10      if(i%2==0) continue;
11      cout<<i<<"   ";
12      }
13  }
```

输出：_____

2. 修改程序

下面程序代码是用来输出 100 ~ 200 之间的不能被 3 整除的数。其中，有两处错误，快来改正吧！

练习2

```
1   #include<iostream>
2   using namespace std;
3   int main()
4   {
5       int n;
6       for(n=100;n<=200;n++)
7       {
8          if(n%3=0)_____①
9          continue_____②
10         cout<<n<<"  ";
11      }
12      return 0;
13  }
```

错误1：_____

错误2：_____

3. 完善程序

下面是使用 continue 语句编写的一个程序，功能是输出 100 以内所有偶数。请完善下面的程序代码。

练习3

```
1   #include<iostream>
2   using namespace std;
3   int main()
4   {
5       int i;
6       for(i=1;_____;i++)
7       {
8          if(i%2==1)
9          _____;
10         cout<<i<<" ";
11      }
12      return 0;
13  }
```

4. 编写程序

编程模拟"拍5"游戏。该游戏规则：循环列出 1 ~ 30 的数，判断每个数是不是"5"的倍数，如果是，则输出"过"；如果不是，就输出这个数。

第20课

小蜗牛与黄鹂鸟
——break 语句

读故事

小蜗牛家门前有一棵葡萄树。春天，葡萄树长出了嫩绿的小叶子。看着这些小叶子，小蜗牛就在心里暗暗下定决心：我现在就开始往上爬，我就不信吃不到葡萄！这天，小蜗牛特意起了个大早，准备开始它的"两万五千里长征"。黄鹂鸟见了，赶忙说："葡萄成熟还早呢？你现在爬上来干什么？"小蜗牛没有理会，继续往上爬，终于在葡萄成熟时爬上了葡萄树枝头，并吃到了又甜又大的葡萄。

假设葡萄树高为 2.4m，
小蜗牛每小时爬 0.3 m 后，
要休息 1 小时，在休息的 1
小时中又要下滑 0.1m，编写
程序计算小蜗牛需要多少小
时才能爬上葡萄树枝头。

理思路

1. 理解题意

小蜗牛所用的时间 t 和向上爬的米数 i 的初始值均为 0，每小时向上爬 0.3m，可以用 i=i+0.3 表示；又向下滑 0.1m，可用 i=i-0.1 表示。

2. 问题思考

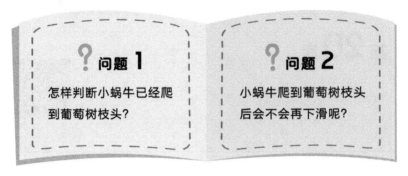

问题 1

怎样判断小蜗牛已经爬到葡萄树枝头?

问题 2

小蜗牛爬到葡萄树枝头后会不会再下滑呢?

3. 算法分析

用变量 t 表示小蜗牛爬葡萄树所用的时间,用变量 i 表示小蜗牛向上爬的米数,其程序流程图如下。

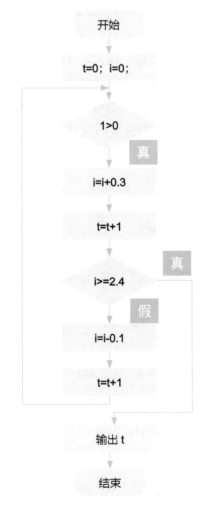

查秘籍

1. 英汉字典

break   [breɪk]   中断；停止

2. break 语句

break 语句是用于结束当前整个循环，跳出循环体的语句。它只能应用在循环体中，其语法格式如下：

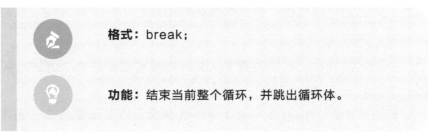

格式：break;

功能：结束当前整个循环，并跳出循环体。

求解决

1. 编程实现

文件名　5-4-1.cpp　第 20 课　小蜗牛与黄鹂鸟

```cpp
1  #include<iostream>
2  using namespace std;
3  int main()
4  {
5      float i=0,t=0;
6      while(1>0)              //条件是1>0，表示循环条件一直成立
7      {
8        i=i+0.3;              //每小时向上爬 0.3米累加
9        t++;                  //向上爬时间累加
10       if(i>=2.4)break;      //表示已经爬到葡萄树枝头，循环终止
11       i=i-0.1;              //每小时向下退0.1米
12       t++;                  //休息时间累加
13     }
14     cout<<"t="<<t;
15  }
```

2. 程序测试

程序运行结果如下。

```
t=23
```

3. 程序解读

当 i>=2.4 时，表示小蜗牛已经爬到葡萄树枝头，不需要再下退了，所以需要使用 break 语句终止整个循环过程。

4. 易犯错误

本程序中使用了 while(1>0)，条件 1>0 的值为真，表示条件永远成立。若在循环体中没有用 break 语句来终止循环，则会形成死循环（程序无法终止）。一般情况下，编程中应尽量避免出现死循环，而且编译系统也不会对死循环做检查。

5. 拓展应用

在循环结构中，可以使用 break 语句提前结束循环。例如，判断一个整数 m 是否为素数[1]。

算法思想：让 m 被 2 ～ m-1 中的数整除，如果 m 能被 2 ～ m-1 之中任何一个整数整除，则提前结束循环，此时 i 必然小于或等于 k；如果 m 不能被 2 ～ k 之间的任一整数整除，则在完成最后一次循环后，i 还要加 1，因此 i=k+1，此时终止循环。在循环终止之后判别 i 的值是否大于或等于 k+1，若是，则表明 m 未曾被 2 ～ k 之间任一整数整除，因此输出"是素数"。

程序代码如下。

```cpp
#include<iostream>
#include <math.h>          //调用数学函数
using namespace std;
int main()
{
    int m,i,k;
    cin>>m;
    k=sqrt(m);             //求平方根函数
    for(i=2;i<=k;i++)
    if(m%i==0) break;      //提前结束循环
    if(i>k+1)
        cout<<("yes");
    else
        cout<<("no");
}
```

---

[1] 素数指在一个大于 1 的自然数中，除了 1 和它本身以外，没法被其他自然数整除的数。

阅览室

1. break 语句

break 语句通常用在循环语句和开关语句中。当 break 用于开关语句 switch 中时，可使程序跳出 switch 语句，而执行 switch 以后的语句；当 break 语句用于 for、while、do-while 循环语句中时，可以提前结束循环操作，让程序接着执行循环体后面的语句。通常 break 语句与 if 条件语句一起使用，即满足条件时便跳出循环。

2. break 语句与 continue 语句的区别

break 语句是提前结束整个循环过程，不用再判断执行循环的条件是否成立；continue 语句仅仅是结束本次循环，而不是终止整个循环，接着还要进行下次是否执行循环的判定。

练武功

1. 阅读程序写结果

练习1

```
1  #include<iostream>
2  using namespace std;
3  int main()
4  { int a,b=1;
5      for(a=1;a<=100;a++)
6      {
7          b=b+5;
8          if(b>=18) break;
9      }
10     cout<<"a="<<a;
11 }
```

输出结果：a=＿＿＿＿＿＿＿＿

2. 修改程序

下面这段程序代码的作用是计算半径为 1~10 的圆的面积，如果圆的面积 s 超过 100，则停止运算，输出此时圆的半径 r 和面积

s，其中有两处错误，快来改正吧！

```
 1  #include<iostream>
 2  #define PI 3.14
 3  using namespace std;
 4  int main()
 5  {
 6      int r;
 7      float s=0 ——————————— ❶
 8      for(r=1;r<=10;r++)
 9      {
10          s=PI*r*r;
11          if(s>100.0)break ——— ❷
12      }
13      cout<<"r="<<r<<endl;
14      cout<<"s="<<s<<endl;
15  }
```

错误1：_____

错误2：_____

3. 完善程序

下面这段程序代码的作用是计算 3+6+9+…+99 的和并输出，试补充语句，使程序完整。

```
 1  #include<iostream>
 2  using namespace std;
 3  int main()
 4  {
 5      int i=3,s=0;
 6      while(i<=99)
 7      {
 8          _____;
 9          _____;
10      }
11      cout<<"s="<<s;
12  }
```

4. 编写程序

在全校 1000 名学生中征集慈善募捐，当募捐款总数达到 1 万元时，就停止征集。统计此时捐款的人数以及平均每人捐款的数目。

第 6 单元

破而后立，无立无破
——do-while 循环

本单元将要学习新的循环语句——do-while。在 do-while 循环语句中，不管条件是否成立，都要先执行一次循环体，然后再判断表达式的值是否为真。当表达式的值为真时，再返回重新执行循环体语句，如此反复，直到表达的值为假为止。

学习内容

第 **21** 课

小猪皮皮过大年
——do-while 循环

扫一扫，看视频

读故事

小猪皮皮是一只可爱的小红猪，它与猪妈妈、猪爸爸和弟弟西西生活在一起。最近，皮皮既开心又激动，因为还有 7 天就要过大年了！到了除夕这天，全家人团聚在一起，不仅可以听爸爸、妈妈讲各种故事，还可体验传统过年习俗，经历很多意想不到的事情。

现在皮皮准备编写一个倒计时的程序，在计算机显示器上输出"7 天、6 天、5 天、4 天、3 天、2 天、1 天、过大年喽！"，以提醒自己还有几天就要过年了。

理思路

1. 理解题意

本题要求倒序输出数字 7 ～ 1，可以使用前面学习的 for 循环语

126

句或 while 循环语句实现。本课体验 do-while 循环的使用。

2. 问题思考

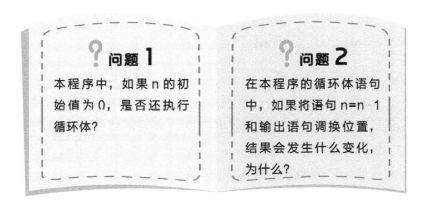

问题 1
本程序中，如果 n 的初始值为 0，是否还执行循环体？

问题 2
在本程序的循环体语句中，如果将语句 n=n 1 和输出语句调换位置，结果会发生什么变化，为什么？

3. 算法分析

本题中，天数 n 的初始值为 7，先输出一次 n 的值，执行 n=n-1 后，再判断 n 是否大于等于 1。如果条件成立，则继续执行循环体。

开始

n=7

输出 n 的值

n=n-1;

真

n>=1

假

结束

1. 英汉字典

| do | [du:] | 执行；做；干 |
| while | [waɪl] | 当……时 |

2. do-while 语句

do-while 循环结构也有两种格式，一种是循环体由一个语句构成，另一种是循环体由多个语句构成。当循环体由多个语句构成时，应由一对大括号｛｝括起来，构成一个语句块。while（表达式）后面有分号，具体的语法形式如下。

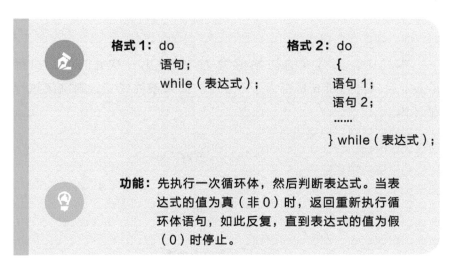

格式1: do
　　　　语句；
　　　　while（表达式）；

格式2: do
　　　　{
　　　　语句1；
　　　　语句2；
　　　　……
　　　　} while（表达式）；

功能：先执行一次循环体，然后判断表达式。当表达式的值为真（非0）时，返回重新执行循环体语句，如此反复，直到表达式的值为假（0）时停止。

do-while 语句的执行过程如下图所示。

求解决

1. 编程实现

文件名　6-1-1.cpp　第21课　小猪皮皮过大年

```cpp
1   #include<iostream>
2   using namespace std;
3   int main()
4   {
5       int n=7;          //从第7天开始倒计时
6       do
7       {
8       cout<<"  距离过年还有"<<n<<"天!"<<endl;
9       if(n==1) cout<<"  过大年喽！"  ;
10       n--;
11        }while(n>=1);
12      return 0;
13   }
```

2. 测试程序

程序运行结果如下。

3. 程序解读

本程序中，倒计时数据需要从大到小输出，可以使用 n-- 语句，也可以使用 n=n-1 语句。

4. 易犯错误

在下页图所示的程序中，将语句"n=n-1"放在了"cout"距

离过年还有 "<<n<<" 天 "<<endl;" 语句之前，若按此程序执行，
输出的 n 的值会发生什么变化，为什么？

```
#include<iostream>
using namespace std;
int main()
{
    int n=7;                    //从第 7 天开始倒计时
    do
    {
    n=n-1;                      //先执行 n=n-1
    cout<<"  距离过年还有"<<n<<"天！"<<endl;
    if(n==1) cout<<"  过大年喽！";
     }while(n>=1);
    return 0;
}
```

阅览室

1. do-while 语句的特点

do-while 语句是 while 语句的变形，它与 while 语句非常相似，
区别在于判断条件表达式的值是否成立时，是在每次循环开始时检
查，还是在循环结束时检查。

2. do-while 语句的执行过程

do-while 语句的执行过程如下：

（1）执行一遍循环体。

（2）求出作为循环条件的"条件表达式"的值，若该值为真，
则自动转向第（1）步，否则结束 do 循环的执行过程，继续执行其
后面的语句。

1. 修改程序

下面这段程序代码的作用是输出 $5 \times 4 \times 3 \times 2 \times 1$ 的积，其中有两处错误，快来改正吧！

练习 1

```
1  #include<iostream>
2  using namespace std;
3  int main()
4  {
5      int i=1,s=0;              ❶
6      do
7      {
8      s=s*i;
9      i=i+1;
10     }while(i<=5)              ❷
11     cout<<"5× 4× 3× 2× 1="<<s;
12  }
```

错误 1：_____

错误 2：_____

2. 阅读程序写结果

练习 2

```
1  #include<iostream>
2  using namespace std;
3  int main()
4  {
5      int n,i=1;
6      cin>>n;
7      do
8      {
9      cout<<2*i-1<<" ";
10     i++;
11     }while(i<=n);
12  }
```

（1）输入：5

　　输出结果：_____

（2）输入：1

输出结果：_____

3. 完善程序

下面这段程序代码的作用是计算 11+22+33+…+99 的和并输出，试补充缺少的语句，使程序完整。

练习 3

```
 1   #include<iostream>
 2   using namespace std;
 3   int main()
 4   {
 5       int i=11,s=0;
 6       do
 7       {
 8           _____;
 9           _____;
10       }while(i<=99);
11       cout<<"s="<<s;
12   }
```

4. 编写程序

请编写一个程序，实现输入一个正整数，输出该数是几位数。例如，输入 123，输出 3；输入 334455，输出 6。

第22课

小球的弹跳高度
——do-while 语句的应用

扫一扫，看视频

读故事

　　小红和小萌在做一个小球落地实验。假如小球从 20 米高处自由落下，每次落地后又反弹回原来高度的一半再落下。试编写一个程序，计算小球在第 10 次落地时，小球共经过多少米？第 10 次反弹多高？

理思路

1. 理解题意

　　当小球从 h=20 米高处落下时，则路程 s 的初始值为 20 米，每次落地后又反弹回原来高度的一半再落下，则 h=h/2，s=s+h*2。现计算小球在第 10 次落地时的路程，是前面经过了 9 次落地后又反弹的路程。

2．问题思考

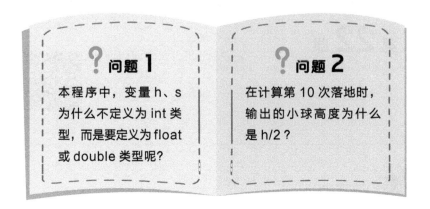

？问题 1

本程序中，变量 h、s 为什么不定义为 int 类型，而是要定义为 float 或 double 类型呢？

？问题 2

在计算第 10 次落地时，输出的小球高度为什么是 h/2？

3．算法分析

小球起始的高度用 h 表示，路程用 s 表示，程序设计思路如下。

● 第 1 步：当小球从 h=20 米高处自由落下时，又反弹回原来高度的一半，则每次起始高度 h=h/2。

● 第 2 步：小球从 h=20 米高处第一次落下，路程 s 的初始值为 20 米，又反弹回原来高度的一半再落下的路程 s=20+h*2。

● 第 3 步：小球每落下一次，次数 i 进行累加一次，再判断 i 的值是否小于等于 9。如果条件成立，再转到第一步，形成循环。其程序流程图如右图所示。

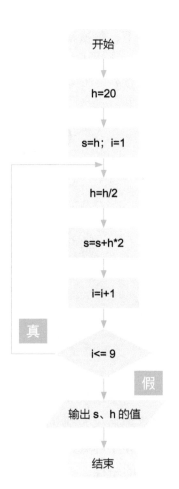

开始

h=20

s=h；i=1

h=h/2

s=s+h*2

i=i+1

真

i<= 9

假

输出 s、h 的值

结束

求解决

1. 编程实现

文件名 6-2-1.cpp 第 22 课 小球的弹跳高度

```cpp
1    #include<iostream>
2    using namespace std;
3    int main()
4    {
5        int i=1;
6        float h,s;
7        h=20;              //小球初始高度
8        s=h;               //小球初始路程
9        do
10       {
11       h=h/2;             //小球每次反弹回原来高度的一半
12       s=s+h*2;           //小球每次落下又弹回的总路程
13       i++;
14       }while(i<=9);
15       cout<<"  s="<<s<<endl;
16       cout<<"  h="<<h/2<<endl;
17   }
```

2. 程序测试

程序运行结果如下。

```
s=59.9219
h=0.0195312
```

3. 程序解读

小球每次从 20 米高处落下，又反弹回原来高度的一半，后面反弹高度会产生小数，所以起始高度 h 和路程 s 不能定义为 int 类型，可以定义为 float 类型或 double 类型。此外，当小球第一次从 h=20 米高处落下时，路程 s 的初始值为 20 米，而不是 0 米，所以 s=20。

4. 易犯错误

计算小球在第 10 次落地时的路程，前面仅做了 9 次弹跳动作，

所以 i<=9，而不是 i<=10。而求 10 次反弹多高，此时的高度应该是第 9 次高度的一半，所以输出为 h/2。

5．程序改进

如果让小球从任意高度落下，则该程序要如何改进呢？

```cpp
#include<iostream>
using namespace std;
int main()
{
 int i=1;
 float h,s;
 cin>>h;                //输入小球初始高度
 s=h;                   //小球初始路程
     do
 {
 h=h/2;                 //小球每次反弹回原来高度的一半
 s=s+h*2;               //小球每次落下又弹回的总路程
 i++;
 }while(i<=9);
 cout<<"  s="<<s<<endl;
 cout<<"  h="<<h/2<<endl;
}
```

6．拓展应用

每次班级测试后，皮皮都会帮老师把测试分数输入计算机保存。但输入数据有时会出错。试编写一个程序，自动检查输入数据的正确性。例如，当语文满分为 100 分时，在输入小于 0 或大于 100 的数时，就表示输入有错误。当输入有错误时，计算机提示重新输入。当输入 0 时，停止输入分数。程序实现代码如下。

```
#include<iostream>
using namespace std;
int main()
{
    float score;
    cout<<" 输入成绩： "<<endl;
    cin>>score;
    do
      {
         if(score<=0||score>=100)cout<<" 输入数据有误，请重新
输入： "<<endl;
             // 输入小于 0 或大于 100 的数时，提示输入有误。
cin>>score;
      } while(score!=0);
}
```

 阅览室

1. for、do-while 和 while 循环语句的执行特点

for 语句适用于已知循环次数的循环，while 语句和 do-while 语句都是适用于未知循环次数的循环。其语句执行特点如下。

循环语句	特点
for 语句	知道循环次数，先判断后执行
do-while 语句	先循环后判断，不知道循环次数
while 语句	先判断后循环，不知道循环次数

2. while 与 do-while 语句的区别

while 语句是先判断循环条件，当条件表达式的值为真时，再执行循环体，否则不执行 while 循环体，即 while 循环体有可能一

次也不被执行；而 do-while 语句是先执行循环体，后判断循环条件，不管循环条件是否成立，循环体都要被执行一次。

1. 修改程序

下面这段程序代码的作用是输出从 1 到 100 的所有偶数，其中有两处错误，快来改正吧！

练习 1

```cpp
1  #include<iostream>
2  using namespace std;
3  int main()
4  {
5      int x=1;
6      do
7      {
8      x=x+1;
9      if(x%2==1)_____ ❶
10     cout<<x<<" ";
11     }while(x<=100)_____ ❷
12 }
```

错误 1：＿＿＿＿＿＿＿＿＿

错误 2：＿＿＿＿＿＿＿＿＿

2. 阅读程序写结果

练习 2

```cpp
1  #include<iostream>
2  using namespace std;
3  int main()
4  {
5      int x,s=0;
6      cin>>x;
7      do
8      {
9      s=s+x%4;
10     x=x/4;
11     }while(x!=0);
12     cout<<"s="<<s;
13 }
```

（1）输入：5

　　输出：_____

（2）输入：10

　　输出：_____

3. 完善程序

已知 x 与 3 的和是 8 的倍数，x 与 3 的差是 7 的倍数。下面这段程序代码的作用是计算 x 值为多少。试补充缺少的语句，使程序完整。

练习 3

```
1   #include<iostream>
2   using namespace std;
3   int main()
4   {
5       int x=0;
6       do
7       {
8           _____;
9       }while((x+3)%8!=0||(x-3)%7!=0);
10      cout<<"x="<<x;
11  }
```

4. 编写程序

小明非常喜欢研究数学，他想找出能同时被 2、3、5 除，余数为 1 的最小的十个自然数，请你编写一个程序，让计算机自动帮他找出这些数。

第 23 课

电影院的座位数
——循环计数

扫一扫，看视频

读故事

东方红电影院共有 435 个座位，已知第一排有 15 个座位，以后每排比前一排增加 2 个座位。皮皮想知道最后一排有几个座位，一共有几排，但他又不愿意去挨个数每排的座位数和总的排数。试编写一个程序，帮皮皮计算这个电影院一共有多少排座位，最后一排有几个座位？

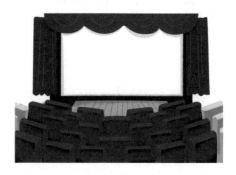

理思路

1. 理解题意

定义 3 个变量 n，x，s，分别表示当前排数、当前排的座位数和当前的总座位数。当总座位数 s 不等于 435 时，座位的排数累加，即 n=n+1；每排的座位数加 2，即 x=x+2，重复执行循环，直到总座位数 s=435 时退出循环。

2．问题思考

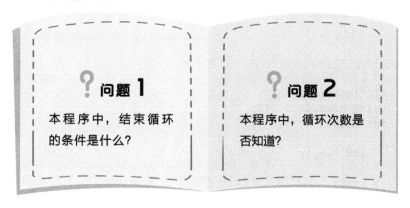

问题 1

本程序中，结束循环的条件是什么？

问题 2

本程序中，循环次数是否知道？

3．算法分析

根据题意，定义的 3 个变量 n、x 和 s 中， n 的初始值为 1，x 的初始值为 15。当总座位数 s 不等于 435 时，重复执行循环，直到总座位数 s=435 时，退出循环。程序流程图如下。

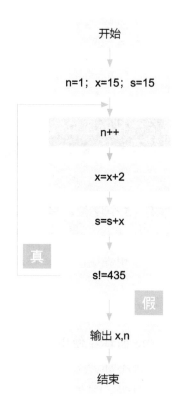

开始

n=1；x=15；s=15

n++

x=x+2

s=s+x

真

s!=435

假

输出 x,n

结束

1. 编程实现

文件名 6-3-1.cpp 第 23 课 电影院的座位数

```cpp
1  #include<iostream>
2  using namespace std;
3  int main()
4  {
5      int n,x,s;
6      n=1;        //用变量n表示当前排数
7      x=15;       //用变量x表示当前排的座位数
8      s=15;       //用变量s表示当前的总座位数
9      do
10     {
11     n++;        //排数累加1
12     x=x+2;      //每排的座位数累加2
13     s=s+x;      //将总座位数累加
14     }while(s!=435);
15     cout<<" 最后一排的座位数: "<<x<<endl;
16     cout<<" 排数为: "<<n<<endl;
17  }
```

2. 程序测试

程序运行结果如下。

```
最后一排的座位数：43
排数为：15
```

3. 程序解读

本题中已知第一排有 15 个座位，其后每一排的座位数都比前一排多 2 个座位。也可以任意输入第一排的座位数 n，对每排的座位数进行累加，直到累加的和等于总座位数，结束循环，输出最后一排的座位数和排数。

4. 易犯错误

do-while 循环和 while 循环在使用中很易混淆。在 while 循环中，while 作为条件，其后不加分号；在 do-while 循环中，while 后面为一条语句，需要加分号。另外，变量之间需用逗号分隔，不能使用分号。

```
f#include<iostream>
using namespace std;
int main()
{
    int n; x; s;                    错误 1：变量之间用逗号分隔，不用分号
    n=1;        //用变量 n 表示当前排数
    x=15;       //用变量 x 表示当前排的座位数
    s=15;       //用变量 s 表示当前的总座位数
    do
    {
    n++;        //将排数进行累加
    x=x+2;      //将每排的座位数加 2
    s=s+x;      //总座位数累加
    }while(s!=435)                   错误 2：缺少分号
    cout<<" 最后一排的座位数："<<x<<endl;
    cout<<" 排数为："<<n<<endl;
}
```

小学生 C++ 创意编程

5. 程序改进

想一想，如果要输出每排的座位数和总座位数，该如何修改代码？参考代码如下图所示。

```
do
{
cout<<n<<" "<<x<<" "<<s<<" "<<endl;
n++;
x=x+2;      //每排的座位数加 2
s=s+x;      //总座位数累加
}while(s!=435);
cout<<"排数为："<<n<<endl;
cout<<"最后一排的座位数："<<x;
}
```

阅览室

1. 通过 cin 输入数据

在 C++ 中，可以将读取运算符 ">>" 和 "cin" 结合在一起使用，实现从输入设备（一般默认为键盘）输入数据。

格式：cin >> 变量 1>> 变量 2>>…>> 变量 n;

功能：从输入设备读取一个数据并将其赋给指定的变量。

说明：在使用 cin 输入数据时，必须考虑读取运算符 ">>" 后面的变量类型。如果要求输入一个整数，在 ">>" 后面必须跟一个整型变量；如果要求输入一个字符，在 ">>" 后面必须跟一个字符型变量。

2. 格式输入函数 scanf( )

格式输入函数 scanf( ) 的调用格式如下。

scanf(格式控制字符串，地址列表);

功能：按指定的格式，从键盘输入数据并将其赋值给指定的变量。

说明：scanf 是标准的库函数，使用前，需要在头文件部分加上 "#include<cstdio>" 或 "#<stdio.h>"。其中，格式控制符用于指定输入的格式，以 % 开头，后面跟格式字符。作用是将要输入的字符按指定的格式输入，如 %d、%c 等。

3. setw( ) 函数

setw( ) 函数的调用格式如下。

setw(int n)

功能：用于控制输出间隔。例如：

cout<<'s'<<setw(3)<<'a'<<endl; // 在屏幕上显示：s a

setw( ) 只对其后面紧邻的输出产生作用，如上例中，表示 'a' 共占 3 个位置，因 a 本身占一个位置，所以 s 与 a 之间还要用两个空格填补。若输出的内容超过 setw( ) 设置的长度，则按实际长度输出。例如：

cout<<123<<setw(5)<<45<<endl;

```
cout<<123<<setw(5)<<456789<<endl;
```

则程序运行结果如下。

```
123    45
123456789
```

输出结果中，第一行"45"之前填补 3 个空格，第二行输出 4、5、6、7、8、9 这 6 个数字，输出的内容超过 setw(5) 设置的长度 5，则按实际长度输出，即输出"456789"。另外，使用 setw( ) 函数时，还需要添加头文件 #include <iomanip>。

练武功

1. 阅读程序写结果

练习 1

```
1   #include<iostream>
2   using namespace std;
3   int main()
4   {
5       int n   ;
6       cin>>n;
7       do
8       {
9       cout<<n%10;        //输出最末一位数字
10      n=n/10;            //产生去掉个位数字后的新数
11      }while(n!=0);
12  }
```

（1）输入第 1 个数：123，输出：_____

（2）输入第 2 个数：450，输出：_____

2. 修改程序

有一对兔子，从出生后第 3 个月起每个月都生一对兔子，小兔子长到第 3 个月后每个月又生一对兔子，即兔子的数量规律为 1，1，2，3，5，8，13，21，…，假如兔子都不死，问到第 20 个月时，每个月的兔子总数为多少？

下面是该题目的程序实现代码，其中有两处错误，快来改正吧！

练习 2

```
1   #include<iostream>
2   #include<iomanip>          //调用setw()函数
3   using namespace std;
4   int main()
5   {
6       long f1,f2,f3;
7       int i;
8       f1=f2=1;
9       cout<<setw(12)<<f1<<setw(12)<<f2;//控制输出两数之间的间隔
10      for(i=3;i<=20;i++)
11      {
12      f3=f1+f2;                    //前两个月的兔子数加起来赋值给第3个月的兔子数
13      f2=f1;————————❶     //将第2个月的兔子数赋值给第1个月的兔子数
14      f3=f2;————————❷     //将第3个月的兔子数赋值给第2个月的兔子数
15      cout<<setw(12)<<f3;
16      if(i%5==0) cout<<endl;//控制输出，每行输出5个数字
17      }
18  }
```

错误 1：_____

错误 2：_____

3. 完善程序

猴子第一天摘下若干个桃子，立即吃了一半，觉得不过瘾，又多吃了一个。第二天早上又将剩下的桃子吃掉一半，觉得不过瘾，又多吃了一个。以后每天早上都吃了前一天剩下的一半又零一个。到第 10 天早上想再吃时，只剩下一个桃子了。编写程序，计算猴子第一天共摘了多少个桃子。

练习 3

```
1   #include<iostream>
2   using namespace std;
3   int main()
4   {
5   int day,x1,x2;
6       day=9;
7       x2=1;
8       do
9       {
10      x1=(x2+1)*2; //第一天的桃子数是第二天桃子数加1后的2倍
11      x2=x1;
12      _____;
13      }while(_____);
14      cout<<x1;
15  }
```

4．编写程序

植树节当天，有 5 位同学参加了植树活动，他们每人植树的棵数都不相同。问第 1 位同学植了多少棵时，他指着旁边的第 2 位同学说，比他多植了两棵；追问第 2 位同学，他又说比第 3 位同学多植了两棵；如此追问，都说比另一位同学多植了两棵。最后问到第 5 位同学时，他说自己植了 10 棵。编写程序，计算第一位同学植了多少棵树。

第7单元

班级站队，整齐划一
——数组

通过前面的学习，我们学会了使用一个或几个变量，来赋值或输入、输出数据。但当遇到大量的数据需要存储或处理时，如输入全班 50 位同学的成绩，并计算全班的平均成绩，显然用定义 50 个变量的方法来存储每一位学生的成绩就非常不方便了，那么有没有更简便的解决方法呢？

在 C++ 中，我们可以借鉴生活中分类编号的思想，引入数组来解决批量数据的问题。数组是一个具有单一数据类型对象的集合。数组中的每一个数据都是数组中的一个元素，而且每一个元素的数据类型都相同。依据其维数的不同，数组又分为一维数组、二维数组等。下面让我们一起来揭开数组的神秘面纱吧。

学习内容

第 **24** 课

整齐的一路纵队
——一维数组

扫一扫，看视频

读故事

六一儿童节就要到了，少先大队要选拔出一部分少先队员组成六一儿童节晚会的合唱队。要求合唱队的队员身高在 140 ～ 150cm。现有 7 名队员报名，请你试编写一个程序，输入 7 个人的身高数据，将符合要求的队员身高及对应的序号输出。

理思路

1. 理解题意

定义一维数组 a[8] 用于存放 7 名报名队员的身高数据，然后用循环语句完成 a[1]~a[7] 身高数据的输入。使用循环结构，结合前面学习的 if 语句，判断队员身高是否满足 140 ～ 150cm 的要求，即 a[i]>=140 && a[i]<=150，输出符合身高要求的队员的身高及序号。

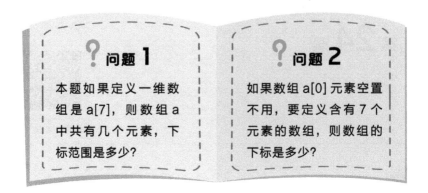

问题 1

本题如果定义一维数组是 a[7]，则数组 a 中共有几个元素，下标范围是多少？

问题 2

如果数组 a[0] 元素空置不用，要定义含有 7 个元素的数组，则数组的下标是多少？

3. 算法分析

本程序中，定义了一维数组变量 a[8]，其下标号为 0 ~ 7，共有 8 个数组元素。为了保证数组元素的下标号与队员的编号 1 ~ 7 一一对应，元素 a[0] 空置不用，用 a[1] ~a[7] 分别存放相应编号队员的身高数据。程序的设计思路如下。

● 第 1 步：根据报名队员的个数，定义一维数组 a[8]。

● 第 2 步：使用循环语句分别读取 7 名报名队员的身高数据。

● 第 3 步：利用循环语句逐个判断每名队员的身高，输出符合选拔要求的队员信息，不符合要求的则跳过。

查秘籍

1. 英汉字典

array	[əˈreɪ]	数组；大堆；大量
max	[mæks]	最高的；最多的；最大的
min	[mɪn]	最少；最小

2. 一维数组的定义

一维数组就是一个单一数据类型对象的集合。其中的数据对象并没有被命名，但可以通过它在数组中的位置来访问它。这种访问方式称为下标访问。定义一维数组的语法形式如下页。

格式： 数据类型 数组名［常量表达式］;

功能： 定义一个一维数组变量。其中，数组名的命名规则与变量名的命名规则一致，即遵循标识符命名规则。常量表达式表示数组元素的个数（数组长度），其必须是常量或符号常量，不能是变量。例如，int a[10]、float b[2*3]、char c[10] 等的定义都是合法的，而 int a[n] 的定义就是非法的。

3．一维数组的引用

通过给出的数组名称和这个元素在数组中的位置编号（即下标），可以引用这个数组中的任何一个元素。

一维数组元素的引用格式如下。

数组名［下标］

例如，定义一维数组 int a[10]; ，则可引用的该数组元素有 a[0]，a[1]，a[2]，…，a[9]，共 10 个数组元素。但 a[10] 就超出该数组的存储空间范围，不能引用。

 求解决

1．编程实现

文件名　7-1-1.cpp　第 24 课　整齐的一路纵队

```
1   #include<iostream>
2   using namespace std;
3   int main()
4   {
5       int i,a[8];           //定义整型一维数组
6       for(i=1;i<8;i++)      //i从1开始，a[0]空置
7       {
8       cout<<i<<"号身高：";
9       cin>>a[i];            //输入身高，a[i]保存i号队员的身高
10      }
11      cout<<"-----符合身高要求人员信息如下：------"<<endl;
12      for(i=1;i<8;i++)
13      if(a[i]>=140&&a[i]<=150)
14      {
15        cout<<a[i]<<"   "<<i<<"号"<<endl;
16      }
17  }
```

2．程序测试

输入如下数据。

程序运行结果如下。

3．程序解读

数组的精妙之处在于下标可以是变量。通过对下标变量值的控制，达到灵活处理数据的目的。本程序中，为了保证数组元素的下标号与队员编号 1 ~ 7 对应，将元素 a[0] 空置不用，用 a[1] ~a[7] 分别存放对应编号队员的身高数据，故将数组定义为 a[8]。

4．易犯错误

如果一个数组定义为 n 个元素，那么对这 n 个元素（下标号范围为 0 ~ n-1 的元素）的访问都是合法的；如果对大于 n-1 的数组元素进行访问则是非法的，又称为"数组越界"。

5．拓展应用

当逐个使用数组中的每一个元素时，通常借助 for 循环语句来实现。例如，从键盘输入 10 个数，将这 10 个数逆序输出，计算这 10 个数的和并输出。程序代码如下页。

```
#include<iostream>
using namespace std;
int main()
{
    int    i, a[10],s=0;
    for(i=0;i<=9;i++)
    {
    cin>>a[i];                    //输入 10 个数
    s=s+a[i];
    }
    for(i=9;i>=0;i--)            //将这 10 个数逆序输出
    cout<<a[i]<<" ";
    cout<<endl<<"s="<<s;
}
```

阅览室

1. 一维数组的存储

一个变量只能存储一个数据，而数组则可以存储多个数据，它们在计算机内存中占用的存储空间连续有序。

例如，定义一维数组 int a[5]，数组变量 a 在内存中的存储状态可用下图形象地描述，其中，方框代表用于存放元素值的空间。

	a[0]	a[1]	a[2]	a[3]	a[4]
a					

2. 一维数组的初始化

在 C++ 中，对一维数组元素进行初始化时，需要用一对大括号 {} 将初始值括起来，各数值之间用逗号分隔。常用的初始化方式有以下几种。

（1）定义数组时，对全部数组元素赋初值。例如：

int a[10]={0，1，2，3，4，5，6，7，8，9}；

（2）只给一部分数组元素赋初值，其余部分元素的初值则默认为 0 。例如：

int a[5] = { 10，11，12，13 };

该数组元素初始化情况如下图所示。

	a[0]	a[1]	a[2]	a[3]	a[4]
a	10	11	12	13	0

（3）若对数组的全部元素初始化，则可不指定数组的大小（数组长度）。例如：

int c[ ] = {1，2，3，4}； // 分别初始化 c[0]、c[1]、c[2]、c[3]

1．单选题

定义数组 int a [10]; ，则下面对数组元素的引用，正确的是（   ）。

A．a [10]   B．a[3.5]   C．a (3)   D．a [10-10]

2．修改程序

下面这段程序代码用于输出数组中第 1 个与最后 1 个元素的和，其中有两处错误，快来改正吧！

练习 1

```
1  #include<iostream>
2  using namespace std;
3  int main()
4  {
5      int i,a[6],s=0;
6      for(i=0;i<=6;i++)          ❶
7      s=a[0]+a[6];               ❷
8      cout<<"s="<<s<<endl;
9  }
```

错误 1：_____

错误 2：_____

3. 阅读程序写结果

练习2

```
1  #include<iostream>
2  using namespace std;
3  int main()
4  {
5      int i,a[10];
6      for(i=9;i>=0;i--)
7      a[i]=10-i;
8      cout<<a[2]<<"  "<<a[5]<<endl;
9  }
```

输出结果： a[2]=_____

a[5]=_____

4. 完善程序

下面这段程序代码的作用是输入 6 个整数，输出这 6 个整数中最小的数，请补充缺少的语句，使程序完整。

练习3

```
1   #include<iostream>
2   using namespace std;
3   int main()
4   {
5       int i,a[6],min;
6       for(i=0;i<6;i++)
7       cin>>a[i];
8       _____;
9       for(i=1;i<6;i++)
10      if(a[i]<min)min=a[i];
11      cout<<"min="<<_____<<endl;
12  }
```

5. 编写程序

已知数组：int a[8]={1，3，4，9，11，13，17，20}；从键盘随意输入一个整数，查找其是否存在于数组中。如果找到了，则输出这个数组元素及下标；若没有找到，则输出"哈哈，没找到！"。

第25课
有序的行列方阵
——二维数组

读故事

在电影《X 战警》中，X 战警指人类中存在基因变异的人群，他们拥有各种各样的超能力，能运用自己的超能力保卫人类。现假设在一个 $n \times n$ 的能量盒子中，分散存放着 X 战警的超能力值。试编写一个程序，计算能量盒中两条对角线元素值的和，即为某个 X 战警的战斗力值，赶快行动吧。

理思路

1. 理解题意

$n×n$ 的能量盒子，可以将其转换为一个 n 行 $×n$ 列的二维数组，使用之前学习的 for 循环语句，计算该数组两条对角线元素的和，即为某个 X 战警的战斗力值。

2. 问题思考

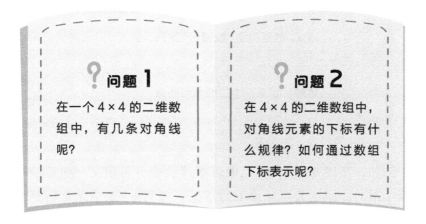

问题 1

在一个 4×4 的二维数组中，有几条对角线呢？

问题 2

在 4×4 的二维数组中，对角线元素的下标有什么规律？如何通过数组下标表示呢？

3. 算法分析

本题定义一个 $n×n$ 的二维数组，战斗力用 fight 表示。程序设计思路如下。

● 第 1 步：定义一个 $n×n$ 的二维数组，如 int a[4][4]。

● 第 2 步：使用 for 循环嵌套语句，输入此二维数组的每一个元素值。

● 第 3 步：分析二维数组行、列下标的特征，计算两条对角线元素的和。

查秘籍

1. 英汉字典

array [əˈreɪ]　　　　数组；大堆；大量

fight [faɪt]   战斗；作战；

2. 二维数组的定义

一维数组是只有一个下标的数组，而二维数组是含有两个下标的数组，第一个下标代表行下标，第二个下标代表列下标。在程序设计中，一维数组一般用于描述线性的关系，而二维数组一般用于描述二维的关系，如地图、棋盘、班级座位等。与一维数组定义的方法类似，二维数组定义的语法格式如下。

格式: 数据类型　数组名 [常量表达式 1] [常量表达式 2];

功能: 定义一个二维数组变量。

例如，下图是一个 30 人的班级座位表，可定义一个二维数组 int a [6][5]，即定义了一个 6 行 5 列，共有 6×5 个元素的整型二维数组变量 a。通过二维数组的"行数"和"列数"，能明确标识二维数组元素所在的"位置"。

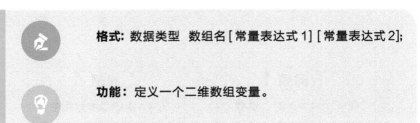

		第0列	第1列	第2列	第3列	第4列
	第a[0]组	a[0][0]	a[0][1]	a[0][2]	a[0][3]	a[0][4]
	第a[1]组	a[1][0]				
	第a[2]组	a[2][0]				
	第a[3]组	a[3][0]				
	第a[4]组	a[4][0]				
	第a[5]组	a[5][0]				

3. 二维数组的引用

二维数组的数组元素引用与一维数组的数组元素引用类似，区别仅在于二维数组元素的引用必须给出两个下标。二维数组的引用格式如下。

数据类型：数组名 [下标 1][下标 2];

显然，每个下标表达式取值不应超出该下标所指定的范围，否则会导致数组越界的错误。

 求解决

1. 编程实现

文件名　7-2-1.cpp　第 25 课　有序的行列方阵

```cpp
1  #include<iostream>
2  using namespace std;
3  int main()
4  {
5      int i,j,fight=0;
6      int a[4][4];            //定义整型二维数组
7      for(i=0;i<4;i++)
8          for(j=0;j<4;j++)
9          cin>>a[i][j];       //输入二维数组每个元素的值
10     for(i=0;i<4;i++)
11         for(j=0;j<4;j++)
12         if((i==j)||(i+j==3))
13         fight=fight+a[i][j]; //计算二维数组两条对角线元素的值
14     cout<<"\nX战警战斗力为："<<fight;
15     return 0;
16 }
```

2. 程序测试

输入数据 1：

```
1 1 1 1
2 2 2 2
3 3 3 3
4 4 4 4
```

输入数据 2：

```
10 11 12 14
12 13 15 11
16 12 13 17
14 16 18 12
```

程序运行结果 1：　　　　　　　　程序运行结果 2：

　　X战警战斗力为：20　　　　　　X战警战斗力为：104

3．程序解读

本题中，定义二维整型数组为 int a[4][4]。定义整型变量 i 和 j，其中，i 表示该二维数组的行，i 的取值范围为 0 ~ 3；j 表示该二维数组的列，j 的取值范围为 0 ~ 3。该二维数组的 16 个数组元素如下图所示。

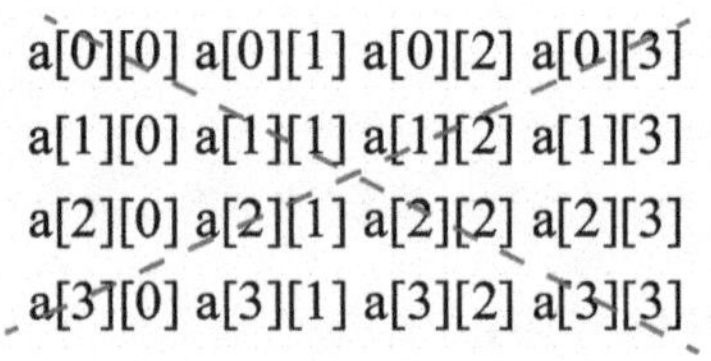

a[0][0] a[0][1] a[0][2] a[0][3]
a[1][0] a[1][1] a[1][2] a[1][3]
a[2][0] a[2][1] a[2][2] a[2][3]
a[3][0] a[3][1] a[3][2] a[3][3]

其中，一条对角线下标的特征是行 i 和列 j 的数值相等，另一条对角线下标的特征是行 i 和列 j 的数值相加的和等于 3，即 n-1。找出对角线下标的规律，即可通过引用数组的下标，计算出对角线元素的和。

4．易犯错误

本题中，如果定义的二维数组为 int a[5][5]，第 0 行第 0 列可空置不用，则行 i 的取值范围为 1 ~ 4，列 j 的取值范围为 1 ~ 4。

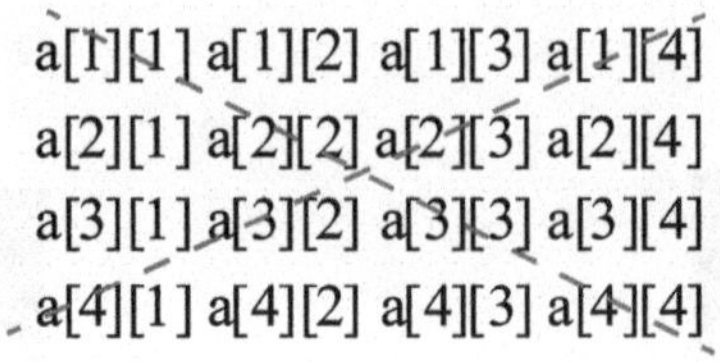

a[1][1] a[1][2] a[1][3] a[1][4]
a[2][1] a[2][2] a[2][3] a[2][4]
a[3][1] a[3][2] a[3][3] a[3][4]
a[4][1] a[4][2] a[4][3] a[4][4]

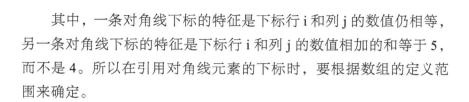

其中，一条对角线下标的特征是下标行 i 和列 j 的数值仍相等，另一条对角线下标的特征是下标行 i 和列 j 的数值相加的和等于 5，而不是 4。所以在引用对角线元素的下标时，要根据数组的定义范围来确定。

5．程序改进

想一想，如何实现求任意二维数组两条对角线元素的值呢？程序改进如下。

```cpp
#include<iostream>
using namespace std;
int main()
{
    int i,j,n,fight=0;
    cin>>n;
    int a[n][n];                //定义整型二维数组
    for(i=0;i<n;i++)
      for(j=0;j<n;j++)
          cin>>a[i][j];         //输入二维数组每个元素的值
    for(i=0;i<n;i++)
      for(j=0;j<n;j++)
        if((i==j)||(i+j==n-1))
            fight=fight+a[i][j];  //计算二维数组对角线元素的值
    cout<<"\nX 战警战斗力为："<<fight;
    return 0;
}
```

6．拓展应用

X 战警准备增加战斗能力值，即在 $n \times n$ 的能量盒子中，将两条对角线上的元素加上 10 后，再重新存放在 $n \times n$ 的能量盒子中，编程输出新的 $n \times n$ 能量盒子中的元素。代码如下页。

```cpp
#include<iostream>
#include<iomanip>
using namespace std;
int i,j;
const int n=4;
int a[n+1][n+1];
int main()
{
for(i=1;i<=n;i++)
for(j=1;j<=n;j++)
cin>>a[i][j];                    //输入 n 行 n 列的二维数组元素
for(int i=1;i<=n;++i)
for(int j=1;j<=n;++j)
if((i==j)||(i+j==n+1))a[i][j]+=10;    //更改对角线上元素的值
for(i=1;i<=n;i++)                 //输出 n 行 n 列的二维数组元素
{
for (j=1;j<=n;++j)
cout<<setw(5)<<a[i][j];          //每个元素之间加 5 个空格
cout<<endl;
}
```

阅览室

1. 二维数组的初始化

二维数组的初始化和一维数组的初始化类似，其初始化格式如下。

数据类型 数组名 [常量表达式 1][常量表达式 2] = ｛ 初始化数据 ｝；

常用的二维数组初始化方式有以下几种。

（1）分行给二维数组赋初值。大括号中的每一行元素的值也用大括号括起来。例如：

int a［3］［4］={{1，2，3，4}，{5，6，7，8}，{9，10，11，12}}；

（2）将所有数据写在一个大括号内，按数组排列的顺序对各元素赋初值。例如：

int a［3］［4］={1，2，3，4，5，6，7，8，9，10，11，12}；

（3）对部分元素赋初值，其余元素则默认值为0。例如：

int a⌊3］［4］={{1}，{5}，{9}}；

上述语句将给二维数组a中的第1行的元素分别赋值1、0、0、0，第2行的元素分别赋值5、0、0、0，第3行的元素分别赋值9、0、0、0。

2．二维数组元素的储存

二维数组中的元素在计算机内存中是按行优先的顺序来存储的，即先按顺序存储第1行的元素，再存储第2行的元素，依次类推。例如，若要存储二维数组a［3］［4］，则从a[0][0]开始，按行顺序存储，具体存储顺序如下图所示。

a[0][0]，a[0][1]，a[0][2]，a[0][3]

a[1][0]，a[1][1]，a[1][2]，a[1][3]

a[2][0]，a[2][1]，a[2][2]，a[2][3]

练武功

1．单项选择题

定义一个二维数组 int a[3][4]，则下面对二维数组元素的引用，正确的是（　　）。

A．a［2］［4］　B．a［1，3］　C．a(2)(1)　D．a[1+1][0]

2. 修改程序

下面这段程序代码的作用是将数组行列中的数据互换。

输入数据 1:　　　　　输出数据 2:

　　2 1 3　　　　　　　2 3 1

　　3 3 1　　　　　　　1 3 2

　　1 2 1　　　　　　　3 1 1

其中有两处错误，快来改正吧！

练习 1

```
 1  #include<iostream>
 2  using namespace std;
 3  int main()
 4  {
 5      int i,j,a[3][3];
 6      for(i=0;i<=2;i++)
 7        for(j=0;j<=3;j++)
 8      cin>>a[i][j];
 9      for(i=0;i<=2;i++)_____ ❶
10      {
11      for(j=1;j<=2;j++)_____ ❷
12      cout<<a[j][i]<<" ";
13      cout<<endl;
14      }
15  }
```

错误 1: _____

错误 2: _____

3. 完善程序

杨辉三角是二项式系数在三角形中的一种几何排列，如下图所示。下面这段程序代码的作用是输出杨辉三角形的前 10 行，请补充缺失的语句，使程序完整。

```
        1
      1   1
    1   2   1
  1   3   3   1
1   4   6   4   1
```

练习 2

```
1   #include<iostream>
2   #include<iomanip>
3   using namespace std;
4   int main()
5   {
6     int i,j,a[11][11];
7       a[1][1]=1;              //设定第一行的值
8       for(i=2;i<=10;i++)      //从第二行开始推
9       { a[i][1]=1;a[i][i]=1;  //设定每一行的首尾值为1
10      for(j=2;j<=i-1;j++)     //当前行非首尾的数
11      a[i][j]=a[i-1][j-1]+a[i-1][j];
12      //当前数字等于上一行该列和前一列两个数的和
13      }
14      for(i=1;i<=10;i++)
15      {
16      if(i!=10)cout<<setw(30-3*i)<<" ";//输出每行开始的空格数
17      for (j=1;j<=i;j++) cout<<setw(6)<<a[i][j];
18      cout<<endl;
19      }
20  return 0;
21  }
```

4. 编写程序

定义一个二维数组并输入数组元素，找出数组元素中的最小数，输出它的值以及所在行号和列号。

第 26 课

与众不同的队伍
——字符数组

扫一扫，看视频

读故事

皮皮和乐乐一起学习电脑，他们通过输入英文练习键盘指法。试编写一个程序，用于自动统计输入英文字符的个数，比比皮皮和乐乐谁输入的字数多。

程序设计要求：输入一段不超过 1000 个字符的英文，能自动统计出字符的个数（包括空格）及"．"出现的次数，再原样输出这段英文。

理思路

1. 理解题意

使用字符数组可以存放若干个字符，也可以存放字符串，它们的区别是字符串有一个结束符 '\0' 。因此，在统计字符的类型时，为了测定字符串的长度，可以用字符 '\0' 表示一个字符串的结束。

2. 问题思考

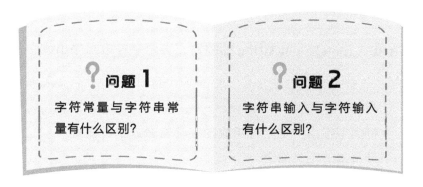

问题 1
字符常量与字符串常量有什么区别？

问题 2
字符串输入与字符输入有什么区别？

3. 算法分析

本程序中，通过检测"\0"的位置来判定字符串是否结束，其程序流程图如下。

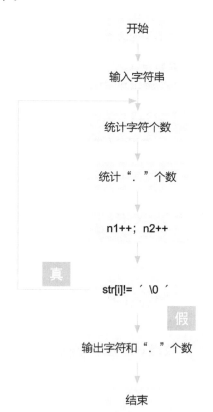

开始

输入字符串

统计字符个数

统计"."个数

n1++; n2++

真

str[i]!= '\0'

假

输出字符和"."个数

结束

1. 英汉字典

gets ［gets］ get string 的缩写，表示字符数组输入或字符串输入

puts ［pʊts］ put string 的缩写，表示字符数组输出或字符串输出

2. 字符类型

字符类型指由一个字符组成的字符常量或字符变量。

字符常量的定义如下。

const 字符常量 = '字符' // 如 'a' 'A' 等

字符变量的定义如下。

char 字符变量; // 如 char c，a; 等

3. 字符数组的定义

字符数组的定义格式与一维数组的定义格式相似，不同之处仅在于字符数组的类型是字符型，第一个数组元素同样是从 ch1[0] 开始，而不是 ch1[1]。字符数组的定义格式如下。

格式： char 数组名 [常量表达式]；

功能： 定义一个字符数组变量。

例如：

char ch1[5]; // 数组 ch1 是一个具有 5 个字符元素的一维字符数组

char ch2[3][5]; // 数组 ch2 是一个具有 15 个字符元素的二维字符数组

1. 编程实现

文件名 7-3-1.cpp 第 26 课 与众不同的队伍

```cpp
1   #include<iostream>
2   using namespace std;
3   int main()
4   {
5       char str[1001];
6       int n1=0,n2=0;   //n1统计字符总数，n2统计“.”的个数
7       gets(str);       //输入一段英文
8       for(int i=0;str[i]!='\0';i++)
9       {
10       n1++;
11       if(str[i]=='.')n2++;
12      }
13      puts(str);       //输出这段英文
14      cout<<"字符的个数："<<n1<<endl;
15      cout<<".的个数："<<n2<<endl;
16      return 0;
17  }
```

2. 程序测试

输入英文：

There are many good programmers in the school. （学校里到处都是编程高手。）

程序运行结果如下。

```
There are many good programmers in the school.
字符个数：46
.的个数：1
```

3. 程序解读

本程序中，输入字符串时，使用的是字符数组输入函数 gets( )，而非 cin 语句。这是因为 gets( ) 函数允许输入字符串时可以包含空格。使用 cin 语句输入字符串时，遇到空格就结束，也就是说只能输入一个单词，而不能输入整行、整段或包含空格的字符串。

cout 语句和字符数组输出函数 puts( ) 都可以输出包含空格的字符串，二者的区别在于 puts( ) 函数输出时会自动加上换行符，而 cout 语句则不会加换行符。

4．易犯错误

在使用 gets(str) 和 puts(str) 时，不能把 str 定义为字符串 string 型，只能定义为字符数组，否则编译程序时会出错。

5．程序改进

皮皮和乐乐认为统计英文字符的个数这种方式比谁写的多不太合理，准备以统计采访稿中有多少个单词的形式来比谁写得多。

若输入一段不超过 1000 个单词的英文采访稿，单词之间用空格分隔开。若想统计采访稿中单词的个数，需要如何改进程序呢？参考代码如下。

```
#include<iostream>
using namespace std;
int main()
{
 char a[1001];
 int i,num=0;
 gets(a);
for(i=0;a[i]!='\0';i++) //循环到字符串结尾,字符串结束符是'\0'
 {
  if((a[i]>='a'&&a[i]<='z')||(a[i]>='A'&&a[i]<='Z'))
  //如果是字母，则一直找到非字母时（如空格、句号等）结束
   do
   {i++;
    } while((a[i]>='a'&&a[i]<='z')||(a[i]>='A'&&a[i]<='Z'));
     num++;//统计单词个数
  }
cout<<num;
return 0;
}
```

6. 拓展应用

如果要统计一段英文中的大写字母、小写字母及其他字符出现的个数，需要如何改写程序代码呢？参考代码如下。

```cpp
#include<iostream>
#include<cstdio>          //调用 gets()和 puts()函数
using namespace std;
int main()
{
    char str[1001];
    int    i,n1=0,n2=0,n3=0;
    gets(str);                            //输入字符串
    for(i=0;str[i]!=0;i++)
    {
    if(str[i]>='A'&&str[i]<='Z')n1++;      //n1 统计大写字母
    else if(str[i]>='a'&&str[i]<='z')n2++;  //n1 统计小写字母
    else n3++;                            //n1 统计其他字符
    }
    cout<<"大写字母个数："<<n1<<endl;
    cout<<"小写字母个数："<<n2<<endl;
    cout<<"其他字符个数："<<n3<<endl;
```

阅览室

1. 字符常量和字符串常量的区别

字符常量是用英文单引号括起来的一个字符，字符串常量是用英文双引号括起来的若干个字符，除形式上的不同以外，二者还具有以下的不同点。

（1）字符常量只能是单个字符，字符串常量则可以是一个或多个字符。

（2）可以把一个字符常量赋给一个字符变量，但不能把一个字符串常量赋给一个字符变量。

2. 字符数组的赋值

字符数组的赋值方式与一维数组的赋值方式类似，有用字符初始化和用字符串初始化两种方式。

（1）用字符初始化数组。例如：

char chr1[5]={'a', 'b', 'c', 'd', 'e'}；

字符数组中既可以存放若干个字符，也可以存放字符串。两者的区别是字符串末尾有结束符 (\0)。例如：

char chr2[5]={'a', 'b', 'c', 'd', '\0'}；// 在数组 chr2 中存放着一个字符串 "abcd"

反过来说，在一维字符数组中存放着带有结束符的若干个字符称为字符串。字符串可以是一维数组，但一维字符数组不一定是字符串。

（2）用字符串初始化数组。用一个字符串初始化一个一维字符数组，可以写成下列形式。

char chr2[5]="abcd";

3. 字符数组的输入

（1）输入字符数组时，可以借助 scanf( ) 函数和 for 循环结构逐一输入数组元素的值，数组元素前用取址符 "&"，格式为 "%c"。例如：

char c[10]；int i；

for(i=0；i<10；i++)

scanf("%c", &c[i])；

（2）用 scanf 函数输入一个字符串时，不用取址符 "&"，只写数组名，不加 "&" 符号，格式符为 "%s"。例如：

char c[10]； scanf("%s",c)；

上述语句是正确的。

scanf("%s","&c")；

上述语句是错误的。

当输入多个字符串时，以空格分隔。例如：

scanf（"%s%s%s",s1,s2,s3）；

当从键盘分别输入"Let""us""go"时，则 s1、s2、s3 这 3 个字符串分别获取这 3 个单词。

（3）用 gets( ) 函数一次输入一个字符串时，遇到回车键输入结束。对应的字符数组输出用 puts( ) 函数。例如：

char str[10];

gets(str);

puts(str);

 练武功

1. 阅读程序写结果

练习 1

```
1  #include<iostream>
2  using namespace std;
3  int main()
4  {
5      char str[20];
6      cin>>str;
7      cout<<str;
8      return 0;
9  }
```

输入：How are you

输出：_____

2. 修改程序

加密技术主要用于对信息的保护。在古罗马时期，恺撒大帝就曾以密文的方式来传递重要的军事信息，它是一种替代型的密文，对于明文中的每个字母，都会用它后面（或前面）的第 i 个字母来代替。例如，当偏移量 i 为 3 时，用 D 代替 A，用 E 代替 B，以此类推，如右图所示。

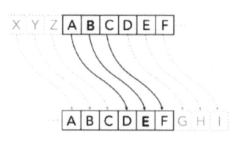

用程序实现对一段英文字符的加密和输出，并且只加密字母。

下面是该程序的代码，其中有两处错误，快来改正吧！

练习 2

```
1   #include<iostream>
2   #include<string>
3   using namespace std;
4   int main()
5   {
6       char s;
7       string str1,str2="";//定义字符串变量
8       int i;
9       getline(cin,str1);  //获取输入的字母
10      for(i=0;i<str1.size();i++)
11      {
12      s=str1[i] _____ ❶
13      if((s>='a'&&s<='z')||(s>='A'&&s>='Z'))
14      {
15          s=s+3;    // 将输入的字符对应的ASCII码值加3
16          if((s>'Z'&&s<'a')||s>'z'||s<'A')s-=26; ❷
17      }
18      str2+=s;
19      }
20      cout<<"加密后输出: "<<str2;
21      return 0;
22  }
```

错误 1：_____

错误 2：_____

3．完善程序

下面这段程序代码的作用是输入一行字符，统计其中数字字符的个数。请补充缺少的语句，使程序完整。

练习 3

```
1   #include<iostream>
2   #include<cstdio>
3   #include<cstring>
4   using namespace std;
5   int main()
6   {
7       char ch[256];
8       int i,n=0;
9       gets(ch);
10      for(i=0;i<=strlen(ch);i++)
11      {
12      if(ch[i]>='0'&&ch[i]<='9')
13          _____;
14      }
15      cout<<n;
16      return 0;
17  }
```

第 8 单元
复杂问题，函数上阵
——函数

我们知道，C++ 程序是由一个主函数和若干其他函数构成的。在编写程序时，对于一个较大的、复杂的问题的解决，将其分解成多个较小的、简单的子问题进行逐一解决，就会比较容易编程实现。在 C++ 中，可以利用函数实现一个具体的功能，从而使程序代码变得简短且易读。

本章将介绍 C++ 中常用的库函数，通过本单元的学习，读者能根据程序需求，自己定义函数。

第27课

老鹰捉小鸡游戏
——库函数

扫一扫，看视频

读故事

  体育课上，皮皮鲁与小伙伴玩老鹰捉小鸡的游戏。他们一共有6位小伙伴，按1号至6号进行编号，从中随机选择一位小伙伴当老鹰。为了公平起见，皮皮鲁准备编写程序，使用随机函数 rand( ) 产生一个随机数。产生的随机数是数字几，就让几号小朋友来当老鹰。

理思路

1. 理解题意

  C++ 中有两种函数，一种是库函数，也称为系统函数；另一种是用户自己编写的函数，称为自定义函数。常见的库函数有绝对值函数 abs( )、随机函数 rand( ) 和时间函数 time( ) 等。在编写程序时，这些库函数不需要用户自己定义和编写。如果要使用这些库函

176

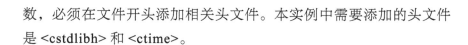

数，必须在文件开头添加相关头文件。本实例中需要添加的头文件是 <cstdlibh> 和 <ctime>。

2. 问题思考

问题 1

如果要产生一个 1 ~ 100 之间的随机数，该如何写表达式呢？

问题 2

什么是随机数种子？在本实例中，为什么使用 rand()函数产生随机数时，还要使用 srand()函数来设置随机数种子？

3. 程序分析

本题的解决步骤如下。

● 第 1 步：使用 srand(time(0)) 函数获取当前的系统时间，设置随机数种子。

● 第 2 步：调用随机函数 rand（）产生一个 1 ~ 6 之间的随机数。

● 第 3 步：输出随机数 n。

查秘籍

1. 英汉字典

main　[meın]　主要的；重要的

void　[vɔıd]　空的；无参数；无返回值；无类型

2. 库函数的使用方法

在 C++ 程序设计中，常常将一些常用的功能模块编写成函数放在 C++ 库中，这种函数就称为库函数。C++ 中提供了大量的可以直接调用的库函数，如数学运算的函数 fabs( )、abs( ) 等，文件操作的函数 fopen( )、fclose( ) 等。在编写程序的过程中，这些函数可以直接拿来使用。库函数的调用格式如下。

格式： < 函数返回值类型 > < 函数名 > < 参数 >
示例： double fabs(double x)

功能： 求实数 x 的绝对值。

求解决

1. 编程实现

文件名 8-1-1.cpp 第 27 课 老鹰捉小鸡游戏

```
1  #include<iostream>
2  #include<cstdlib>    //调用rand()和srand()函数
3  #include<ctime>      //调用time()函数
4  using namespace std;
5  int main()
6  {
7    srand(time(0));     //根据当前的系统时间初始化随机数种子
8    int n=rand()%6+1;   //产生一个1~6之间的随机数
9    cout<<"  "<<n;
10   return 0;
11 }
```

2. 程序测试

程序运行结果如下。

第 1 次运行程序产生随机数： 4

第 2 次运行程序产生随机数： 1

第 3 次运行程序产生随机数： 3

3．程序解读

一般情况下，rand( ) 函数和 srand( ) 函数要一起使用，其中 srand( ) 函数用来初始化随机数"种子"，rand( ) 函数用来产生随机数。例如，调用函数 srand(1)，参数 1 就是一个种子，使用相同的种子每次将会产生相同的随机数。因此，还需使用 time( ) 函数来获取当前的系统时间，因为每次运行程序的时间是不相同的，所以 srand(time(0)) 就会产生不同的随机数。

4．易犯错误

如果要产生一个 0~99 之间的随机数，那么可以使用 int num = rand( ) %100 语句。但如果要产生一个 1~100 之间的随机数，则需使用 int num = rand( ) %100 + 1 语句。注意 +1 和不 +1 的区别，+1 的最小值是 1，不 +1 的最小值是 0。

5．拓展应用

默认情况下，随机数种子为 1，相同的随机数种子产生的随机数是一样的，这就失去了随机性的意义。因此，为使每次得到的随机数不一样，需要先使用 srand( ) 函数初始化随机数种子。srand( ) 函数的参数是 time( ) 函数的值（即当前的系统时间），因为两次调用 rand( ) 函数的时间是不同的，所以产生的随机数种子也是不一样的。例如，产生 10 个 1~100 之间的随机数的程序代码如下。

```cpp
#include<iostream>
#include<cstdlib>        //调用 rand()和 srand()函数
#include<ctime>          //调用 time()函数
using namespace std;
int main()
{
    int i,n;
    srand(time(0));
    for(i=0;i<10;i++)
    {
    n=rand()%100+1;
    cout<<n<<endl;
    }
}
```

1. 主函数

每个 C++ 程序都至少有一个函数，即主函数 main( )。每个程序可以包含若干个其他函数，但有且只有一个主函数。程序总是从 main( ) 函数开始执行，在程序执行的过程中，main( ) 函数可以调用其他函数，其他函数之间也可以互相调用，但其他函数不能调用 main( ) 函数。

2. 常用的数学函数

用户在编写程序时，如果需要解决一些数学问题，此时千万不要急着自己去写代码，因为 C++ 库中提供了很多数学函数，用户随时都可以直接调用。这些库函数多包含于 <cmath> 库中。常用的数学函数如下表所示。

函数名	函数格式	功能说明	示例
绝对值函数	abs(x)	求整型数 x 的绝对值	abs(-5)=5
	fabs(x)	求实数 x 的绝对值	fabs(-3.14)=3.14
指数函数	exp (x)	求实数 x 的自然指数 e^x	exp(1)=2.718282
	pow (x,y)	求 x 的 y 次幂	pow(2,3)=8
取整函数	ceil(x)	求不小于实数 x 的最小整数	ceil(1.8)=2
	floor(x)	求不大于实数 x 的最大整数	floor(3.14)=3
平方根函数	sqrt(x)	求实数 x 的平方根	sqrt(25)=5
自然数对数函数	log(x)	求实数 x 的自然数对数	log(1)=0
随机函数	rand(void)	产生 0 ~ 32767 之间的随机整数，void 可以省略	rand( )%10

练武功

1. 阅读程序写结果

练习1

```
1  #include<iostream>
2  #include<cmath>
3  using namespace std;
4  int main()
5  {
6    int x;
7    cout<<"请任意输入一个整数";
8    cin>>x;
9    cout<<"这个数的绝对值是："<<abs(x);
10   return 0;
11 }
```

（1）输入：5　　　　　　　（2）输入：–8

　　输出结果：＿＿＿＿＿＿　　　输出结果：＿＿＿＿＿＿

2. 修改程序

下面这段代码的功能是求一个实数的平方根，其中有两处错误，快来改正吧！

练习2

```
1  #include<iostream>
2  #include<math>                                    ❶
3  using namespace std;
4  int main()
5  {
6    int x;
7    cout<<"请任意输入一个实数";
8    cin>>x;
9    cout<<"这个数的方根是："<<sprt(x);              ❷
10   return 0;
11 }
```

　　　　错误1：＿＿＿＿＿＿＿＿＿

　　　　错误2：＿＿＿＿＿＿＿＿＿

小学生 C++ 创意编程

3．完善程序

下面这段程序代码的作用是输入三角形的三条边长，计算并输出该三角形的面积。已知 $\triangle ABC$ 中的三边长分别为 a、b、c，计算 $\triangle ABC$ 的面积 S。

提示：$S = \sqrt{p(p-a)(p-b)(p-c)}$

式中，$p=(a+b+c)/2$。

试补充程序中缺失的语句，使程序完整。

练习3

```
1  #include<cstdio>
2  #include<math.h>              //调用数学函数库cmath
3  int main()
4  {
5      float a,b,c,p,s;
6      scanf("%f%f%f",&a,&b,&c);  //输入三角形的三边
7      p=_____;             //求出p的值
8      s=_____;     //根据p求面积，sqrt是开方函数
9      printf("%0.3f\n",s);       //输出面积，0.3f保留3位小数
10 }
```

4．编写程序

班级联欢会上将举行抽奖活动，全班 50 位同学，每位同学都拿到了 1 个抽奖号码，试编写程序，实现随机抽奖活动，要求在本次联欢会上总共抽出 5 位幸运中奖同学。

第 **28** 课

剪刀石头布游戏
——自定义函数

扫一扫，看视频

读故事

剪刀石头布游戏又称"猜丁壳"，是一款非常古老而有趣的猜拳游戏。游戏规则很简单，即通过剪刀、石头、布 3 种手势判断胜负——剪刀胜布，布胜石头，石头胜剪刀。请编写一个 C++ 程序，判断玩家与计算机进行剪刀石头布游戏的结果。

理思路

1. 理解题意

本题是要编制一个人与计算机比拼的剪刀石头布游戏程序，根据手势判断胜负（剪刀胜布，布胜石头，石头胜剪刀）。人出拳由自己决定，计算机出拳由随机函数自动产生，根据人机做出的手势和游戏规则，通过程序判断人与计算机比拼的结果。结果有 3 种情况，即人机平局，人赢机输，人输机赢，输出这 3 种情况中的一种，即可知道比拼结果。

2．问题思考

问题 1

计算机随机出拳用 C++ 语言如何表示呢？

问题 2

人与计算机对战，用 C++ 语言如何表示输赢的结果呢？

3．程序分析

本程序可通过自定义不同的函数来实现特定的功能，实现过程如下。

- 第 1 步：定义一个玩家出拳函数 void player(int a)。
- 第 2 步：定义计算机出拳函数 int computer( )。
- 第 3 步：定义判断输赢函数 void pd(int x,int n)。

查秘籍

1．英汉字典

main	[meɪn]	主要的；重要的
player	[ˈpleɪə(r)]	玩家；游戏者；参与者

2．函数的定义

当 C++ 函数库中提供的标准函数不能满足需求时，用户可以根据需要，自己编写函数。在 C++ 中，函数是由函数头和函数体组成的，每个组成部分都有各自的作用。函数定义的一般格式如下页。

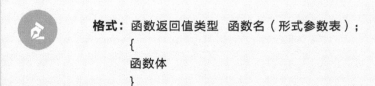

格式： 函数返回值类型　函数名（形式参数表）；
　　　　　　{
　　　　　　函数体
　　　　　　}

功能： 完成一个特定的任务。

3．函数定义的说明

（1）函数返回值类型

函数返回值类型即是函数的数据类型，可以是 int、double、char 等数据类型。若数据类型为 void，则无返回值。

（2）函数名

函数名是函数的实际名称。一个 C++ 程序中，除了主函数必须命名为 main 外，其余函数的名称都可以按照变量的取名规则命名，最好见名知义，取有助于理解的名字。

（3）形式参数表

函数中可以有多个形参，也可以没有形式参数。形式参数简称形参，形参间用逗号隔开，不管有无参数，函数名后面的圆括号都不能省略。

根据形参的有无，函数可以分为有参函数和无参函数。

（4）函数体

函数体中包含多个定义函数执行任务的语句。函数体内的语句决定该函数功能。函数体实际上是一个复合语句，它可以没有任何类型说明，只有语句；也可以既没有类型说明，也没有语句，即空函数。

小学生 C++ 创意编程

185

1. 编程实现

文件名 8-2-1.cpp 第28课 剪刀石头布游戏

```cpp
1   #include<iostream>
2   #include<cstdlib>       //调用rand()和srand()函数
3   #include<ctime>         //调用time()函数
4   using namespace std;
5   int x,n;
6   void player(int a)      //玩家出拳
7   {
8   switch(a)
9       {
10       case 1:cout<<"你出的是剪刀 ";break;
11       case 2:cout<<"你出的是石头 ";break;
12       case 3:cout<<"你出的是布 ";break;
13       }
14  }
15  int computer()          //计算机出拳
16  {
17      srand(time(0));     //初始化随机数种子
18      n=rand()%3+1;       //产生一个1~3之间的随机数
19      switch(n)
20      {
21       case 1:cout<<"计算机出剪刀!"<<endl;break;
22       case 2:cout<<"计算机出石头!"<<endl;break;
23       case 3:cout<<"计算机出布!"<<endl;break;
24      }
25      return n;
26  }
27  void pd(int x,int n) //判断输赢
28  {
29    if((x==1&&n==3)||(x==2&&n==1)||(x==3&&n==2))
30          cout<<"恭喜，你赢了!"<<endl;
31    else if((n==1&&x==3)||(n==2&&x==1)||(n==3&&x==2))
32          cout<<"哈哈，你输了!"<<endl;
33      else cout<<"平局!"<<endl;
34      system("pause>nul&&cls");// 暂停并清屏
35    }
36  int main()
37  {
38      while(1>0)
39      {
40      cout<<"剪刀石头布开始\n"<<endl;
41      cout<<"请选择:1.剪刀 2.石头 3.布"<<endl;
42      cin>>x;
43      player(x);
44      n=computer();
45      pd(x,n);
46      }
47  }
```

2. 测试程序

程序运行结果如下。

3. 程序解读

首先，本程序需要定义 3 个函数来完成玩家出拳（player）、计算机出拳（computer）和判断输赢（pd）的任务。程序中用数字 1、2、3 分别表示手势中的石头、剪刀、布，根据文字提示，让玩家先输入 1、2、3 中的一个数字代表玩家出拳。玩家出拳结束后，计算机开始出拳，计算机出拳通过随机函数 rand( ) 来实现。

4. 易犯错误

剪刀石头布游戏规则是剪刀胜布，布胜石头，石头胜剪刀。如果 x 代表玩家出拳，n 代表计算机出拳，1 代表剪刀，2 代表石头，3 代表布，则可通过以下逻辑表达式，判断玩家和计算机对战输赢的结果。

```
if((x==1&&n==3)||(x==2&&n==1)||(x==3&&n==2))
        cout<<"恭喜，你赢了!"<<endl;
else if((n==1&&x==3)||(n==2&&x==1)||(n==3&&x==2))
        cout<<"哈哈，你输了!"<<endl;
    else cout<<"平局!"<<endl;
```

5. 程序改进

为了避免玩一次游戏就退出程序，可以将主程序代码放在循环体中，令 while(1>0) 条件一直成立，这样就可以一直不断地玩下去，添加的程序代码如下页。

```
int main()
{
    while(1>0)              //表示条件一直成立
    {
    cout<<"剪刀石头布开始\n"<<endl;
    cout<<"请选择:1.剪刀 2.石头 3.布"<<endl;
    cin>>x;
    player(x);              //调用玩家出拳函数
    n=computer();           //调用计算机出拳函数
    pd(x,n);                //调用比较判断函数
    }
}
```

6. 拓展应用

在本程序末尾还可以添加用于统计整个战况的代码,例如:

cout<<" 战况: 赢: "<<y<<" 次 输: "<<s<<" 次 平: " <<p<<" 次 "<<endl;

阅览室

1. 主函数与其他函数

在 C++ 中,一个程序可由一个主函数(即 main 函数)和若干个其他函数构成。一个较大的程序可分为若干个程序模块,每一个模块用来实现一个特定的功能。用子程序实现模块的功能,子程序的功能又由主函数和若干个其他函数来实现。

2. 形式参数与实际参数

函数的参数分为形式参数和实际参数。在定义函数时,函数名后面圆括号中的变量名称为形式参数,简称"形参"。调用函数时,函数名后面圆括号中的参数或表达式称为实际参数,简称"实参"。调用函数时,是将实际参数传递给形式参数,然后执行函数体。

```
int   max2(int   x, int y)          //形式参数：x，y
  {int z;                           //形式参数必须指定类型
     z=(x>y)?x,y ;
     return(z);
  }
main()
{int   a,b,c;
 a=30,b=58;
 c=max2(a,b);                       //实际参数：a，b
 c=max2(a+5,100);                   //实际参数：a+5，100
 printf("%f\n",c);
}
```

1. 阅读程序写结果

练习1

```
1   #include <iostream>
2   using namespace std;
3   void fun(int n)        //函数定义
4 ⊟ {
5       for(int i=1;i<n;i++)
6       cout<<i<<" ";      //输出n-1个数，每个数之间用空格隔开
7 ⊾ }
8   int main()
9 ⊟ {
10      int x;
11      cin>>x;
12      fun(x);            // 函数调用
13      return 0;
14 ⊾ }
```

（1）输入：6   （2）输入：10

　　输出结果：＿＿＿＿＿＿   　　输出结果：＿＿＿＿＿＿

2. 修改程序

下面这段程序代码的作用是定义一个函数，利用该函数输出

"*" 符号组成的三角形图形，其中，输出的行数在程序运行时由用户输入指定。该程序中有两处错误，快来改正吧！

练习2

```
 1   #include <iostream>
 2   using namespace std;
 3   void print(int m);              //定义输出m个"*"函数
 4   {
 5      for(int i=1;i<=m;i++)
 6         cout<<"*";
 7      cout<<endl;
 8   }
 9   int main()
10   {
11      int i,n;
12      cout<<"请输入打印*的行数";
13      cin>>n;
14      for(i=1;i<=n;i++)
15         print(n);                 //调用输出"*"函数
16      return 0;
17   }
```

错误1：_____

错误2：_____

3. 完善程序

下面是定义两个数交换的函数，试补充语句，使程序完整。

练习3

```
 1   #include <iostream>
 2   using namespace std;
 3   void mySwap(int &a,int &b)              //定义两个数交换函数
 4   {
 5      int c=a;a=b;b=c;
 6   }
 7   int main()
 8   {
 9   int a=1; int b=10;
10   cout<<"交换前a="<<a<<"交换前b="<<b<<endl;//输出交换前提示
11   _____;                              //调用两个数交换函数
12   cout<<"交换后a="<<a<<"交换后b="<<b<<endl;//输出交换后提示
13   return 0;
14   }
```

4．编写程序

　　已知一个六边形，其六边形的面积是 4 个三角形面积之和。已知 4 个三角形各边的长度，求六边形的面积。请利用函数编程求解此题。

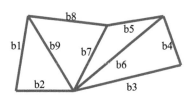

第 29 课

汉诺塔益智游戏
——函数的声明和调用

读故事

汉诺塔益智游戏源于印度一个古老的传说。在印度北部的一个圣庙里，印度教的主神梵天在创造世界的时候，做了 3 根金刚石柱子。其中，在 1 根柱子上从上往下穿好了由小到大且编号为 1 ~ 64 的黄金圆盘，这就是所谓的汉诺塔。

有一位僧侣，不论白天黑夜，都要将所有的圆盘从一根柱子移到另一根柱子上，但他同时要遵守以下规则。

（1）一次只能移动一个圆盘，并且该圆盘必须位于某根柱子的顶部。

（2）圆盘只能在 3 个柱子上存放。

（3）大圆盘不能放在小圆盘上面。

假设这 3 根柱子分别为 A 柱、B 柱和 C 柱，1 ~ 64 号圆盘放置于 A 柱上。试编程输出每一步移动的方法，并估算下，要将 A 柱上的 64 个圆盘按规则全部移动到 C 柱上需要多长时间。

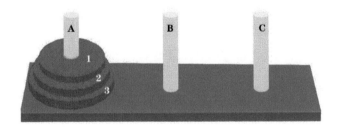

理思路

1. 理解题意

汉诺塔益智游戏最简单的一种情况是只有一个圆盘的时候，只要将这个圆盘从 A 柱移到 C 柱上就可以了。

如果有两个圆盘，则需要通过 3 个步骤才能将圆盘从 A 柱移到 C 柱上：①将 1 号圆盘从 A 柱移到 B 柱上；②将 2 号圆盘从 A 柱移到 C 柱上；③将 1 号圆盘从 B 柱移到 C 柱上。

以此类推，虽然游戏的目的是将所有圆盘从 A 柱移到 C 柱上，但是有必要使用 B 柱作为圆盘的临时安放位置。可以定义函数 hanoi(n，a，b，c)，通过重复调用函数 hanoi(n，a，b，c) 解决该问题。

2. 问题思考

问题 1

如何移动才能使移动的次数最少呢？

问题 2

假如每秒移 1 次，移完 64 个圆盘，一共需要多长时间？

3. 程序分析

本实例要求用最少的移动次数，把 1 ~ 64 号圆盘从 A 柱经过 B 柱移动到 C 柱。根据题意分析，问题的解决过程如下。

● 第 1 步：用最少移动次数把 1 ~ 63 号圆盘从 A 柱经过 C 柱移动到 B 柱。

● 第 2 步：把 64 号圆盘直接从 A 柱移动到 C 柱。

● 第 3 步：用最少移动次数把 1 ~ 63 号圆盘从 B 柱经过 A 柱移动到 C 柱。

观察发现，第 1 步和第 3 步与原问题的本质是一样的，只是圆盘数量在减少，源柱、中间柱和目标柱的状态发生了变化。至此，递归关系比较明显，递归终止条件就是当只有 1 个圆盘时，直接从 A 柱移动到 C 柱即可。

1. 函数的声明与调用

在编写程序的过程中，若需要调用函数，必须先告诉计算机，也就是要先声明函数。只有声明了函数之后，才可以按规定格式调用函数。函数声明和调用的格式如下。

> **声明函数格式：** 类型说明符　被调用函数名（含类型说明的形参列表）；
>
> **调用函数格式：** 函数名（实参列表）；

如果在所有函数定义之前声明了函数，那么该函数在本程序文件中的任何地方都有效。如果是在某个主调函数内部声明了被调用函数，那么该函数就只能在这个函数内部有效。

函数声明格式与函数定义格式相比，只是第一行多了一个分号";"。

2. 函数的返回值

在组成函数体的各类语句中，在程序的最后要加一个返回语句 return。它的一般形式如下。

return（表达式）；

其功能是把程序流程从被调函数转向主调函数，并把表达式的值带回主调函数，实现函数的返回。

当一个函数类型定义为 void，或没有返回值时，函数中可以没有 return 语句；当函数类型定义为 int 时，函数中必须有 return 语句。

求解决

1. 编程实现

文件名 8-3-1.cpp 第29课 汉诺塔益智游戏

```
1   #include <iostream>
2   using namespace std;
3   int step=0;
4   void hannoi (int n,char A,char B,char C); //函数声明
5   int main()
6   {
7       int n;
8       cin >> n;
9       hannoi (n,'A','B','C');              //函数调用
10      return 0;
11  }
12  void hannoi (int n,char A,char B,char C) //函数定义
13  {
14    if(n==1)cout<<++step<<". 移动圆盘"<<n<<"从柱"<<A<<"到柱"<<C<<endl;
15      else {
16      hannoi(n-1,A,C,B);                    //hannoi函数自己调用自己
17      cout<<++step<<". 移动圆盘" <<n<< "从柱"<<A<<"到柱"<<C<<endl;
18      hannoi(n-1,B,A,C);                    //hannoi函数自己调用自己
19          }
20  }
```

2. 程序测试

当输入"1"时，程序运行结果如下。

当输入"2"时，程序运行结果如下。

```
1. 移动圆盘1从柱A到柱B
2. 移动圆盘2从柱A到柱C
3. 移动圆盘1从柱B到柱C
```

当输入"3"时，程序运行结果如下页图所示。

3．程序解读

如果要把 64 个圆盘，由一根柱移到另一根柱上，并且始终保持上小下大的顺序，需要多少次移动呢？

通过递归调用的方法，假设有 n 个圆盘，移动次数是 $f(n)$，显然 $f(1)=1$，$f(2)=3$，$f(3)=7$，并且 $f(k+1)=2*f(k)+1$，则不难证明 $f(n)=2^{n-1}$。当 n=64 时，$f(n)= 9223372036854775808$。这个数字非常庞大，如果每秒移动一次，共需移动多长时间呢？假如一个平年 365 天，才有 60 秒 × 60 分 × 24 小时 × 365 天 =31536000 秒，因此，移完这 64 个圆盘需要几千亿年，故该僧侣即便耗尽毕生精力也不可能完成 64 个圆盘的移动。

4．易犯错误

函数定义与函数声明是不同的，定义是写出函数的完整形式，而声明是告诉系统此函数的返回值类型、参数的个数与类型，便于编译时进行有效的类型检查。

5．程序改进

在 C++ 中，除了主函数外，对于用户定义的函数也要遵循"先定义，后使用"的规则。若把函数的定义放在调用之后，应该在调用之前对该函数进行声明（也称为函数说明）。但若被调函数的定义出现在主调函数之前，也可以不进行函数声明。例如：

```cpp
#include <iostream>
using namespace std;
int step=0;                              //定义全局变量
void hannoi (int n,char A,char B,char C) //函数定义
{
 if(n==1)cout<<++step<<". 移动圆盘"<<n<<"从柱"<<A<<"到柱"<<C<<endl;
    else {
    hannoi(n-1,A,C,B);     //函数调用，实现 n-1 个圆盘从 A 柱到 B 柱的转移
    cout<<++step<<". 移动圆盘" <<n<< "从柱"<<A<<"到柱"<<C<<endl;
    hannoi(n-1,B,A,C); //函数调用，实现 n-1 个圆盘从 B 柱到 C 柱的转移
        }
}
int main()
{
    int n;
    cin >> n;
    hannoi (n,'A','B','C');    //函数调用
    return 0;
}
```

6. 拓展应用

　　递归调用是一种特殊的嵌套调用，是指某个函数自己直接调用自己或者是调用其他函数后再次调用自己。递归调用是一种解决问题的逻辑思想。通常是把一个规模较大的复杂问题，转化为一个与原问题相似、规模较小的问题，而且只需要通过少量的程序代码就可描述出需要多次重复的计算，大大地减少了程序的代码量。递归调用在程序中可以通过函数嵌套来实现。用递归调用方法写出的程序往往十分简洁易懂，如用递归调用函数输出斐波那切数列（0，1，1，2，3，5，8，…）就非常简单。程序代码如下页所示。

```
#include <iostream>
using namespace std;
int fib(int n)                          //定义函数
{
  if(n==1)return 0;
  else if(n==2)return 1;
        else return fib(n-1)+fib(n-2); //调用自身函数
}
int main()
{
int x;
cin>>x;
cout<<fib(x);                           //调用函数
return 0;
}
```

 阅览室

1. 全局变量

定义在函数外部且没有被大括号"{}"括起来的变量称为全局变量。全局变量的作用域是从变量定义的位置开始，到源程序文件结束。

2. 局部变量

定义在函数内部，作用域为局部的变量称为局部变量。换句话说，局部变量只在定义它的函数内有效。函数的形参和在该函数里定义的变量都属于局部变量。

练武功

1. 阅读程序写结果

练习1

```cpp
1  #include <iostream>
2  using namespace std;
3    int fun(int n) //函数定义
4  {
5   if(n==1)
6     return 0;
7   else
8     return fun(n-1)+2;
9  }
10 int main()
11 {
12     cout<<fun(10)<<endl;   //函数调用
13     return 0;
14 }
```

输出：_____

2. 修改程序

在函数内部直接或间接地调用自己的函数称为递归函数。下面的程序是利用递归函数求 n 的阶乘，其中有两处错误，快来改正吧！

练习2

```cpp
1  #include <iostream>
2  using namespace std;
3  void f(int n) //函数定义        ❶
4  {
5      if(n=1) return 1;            ❷
6      else   return n*f(n-1);
7  }
8  int main()
9  {
10     int n;
11     cin>>n;
12     cout<<f(n)<<endl;   //函数调用
13     return 0;
14 }
```

错误1：_____

错误2：_____

3. 完善程序

下面这段程序代码的功能是输入一个自然数，输出它的逆序数。例如，输入"234"，见输出"432"。试补充语句，使程序完整。

练习3

```cpp
1   #include <iostream>
2   using namespace std;
3   void fun(int n); //函数声明
4   int main()
5   {
6       int n;
7       cin>>n;
8       _____;    //函数调用
9       return 0;
10  }
11
12  void fun(int n) //函数定义
13  {
14      if(n<10)
15        cout<<n;
16      else
17      {
18      cout<<n%10;
19      _____;
20      }
21  }
```

4. 编写程序

哥德巴赫猜想是近代三大数学难题之一，即任何一个大于 2 的偶数，都可表示成两个素数之和。例如，4=2+2，6=3+3，8=3+5，10=3+7。

编写一个判断素数的 C++ 程序，利用它验证 4 ~ n 之间的偶数都能分解为两个素数之和，其中 $n>=4$。